绿色城镇化
发展与创新

Green Urbanization
Development and Innovation

新理念
新机制
新技术

New Idea
New Mechanism
New Technology

U0252153

主　编／周国梅

执行主编／张　扬　李　菲　段飞舟　王语懿

中国环境出版集团·北京

图书在版编目（CIP）数据

绿色城镇化发展与创新：新理念、新机制、新技术 /
周国梅主编. -- 北京：中国环境出版集团，2020.12
ISBN 978-7-5111-4533-8

Ⅰ. ①绿… Ⅱ. ①周… Ⅲ. ①生态城市－城市化－
研究－中国 Ⅳ. ①X321.2

中国版本图书馆CIP数据核字（2020）第251386号

出 版 人　武德凯
责任编辑　曲　婷
责任校对　任　丽
装帧设计　宋　瑞

出版发行　中国环境出版集团
　　　　　（100062　北京市东城区广渠门内大街16号）
　　　　　网　　　址：http://www.cesp.com.cn
　　　　　电子邮箱：bjgl@cesp.com.cn
　　　　　联系电话：010-67112765（编辑管理部）
　　　　　发行热线：010-67125803，010-67113405（传真）
　　　　　印装质量热线：010-67113404
印　　刷　北京中科印刷有限公司
经　　销　各地新华书店
版　　次　2020年12月第1版
印　　次　2020年12月第1次印刷
开　　本　787×960　1/16
印　　张　14.25
字　　数　270千字
定　　价　80.00元

【版权所有。未经许可，请勿翻印、转载，违者必究。】
如有缺页、破损、倒装等印装质量问题，请寄回本集团更换。

中国环境出版集团郑重承诺：
中国环境出版集团合作的印刷单位、材料单位均具有中国环境标志产品认证；
中国环境出版集团所有图书"禁塑"。

编委会

专家顾问组

张洁清　王　飞　国冬梅　周伟奇

周传斌　高晓璐

主　编

周国梅

执行主编

张　扬　李　菲　段飞舟　王语懿

编委会成员（按姓氏笔画排序）

冯悦怡　安娜·贾尔恒　刘妍妮　何宇通

周雨宝　段光正　谢　静

前言

　　随着工业化和城镇化进程的快速推进，越来越多的资源和人口向城市集聚。随着城市规模的不断扩大，环境承载能力日趋饱和，天花板效应日益明显。从 2012 年起，全国 30 个城市先后启动了城市环境总体规划试点，通过划定资源利用上线、生态保护红线、环境质量底线来确立生态环境安全格局。

　　新时期的城镇化进程，需要坚守生态环境质量底线，加强环境容量和城市综合承载能力研究，摸清生态环境本底和不同空间形态下的环境容量，理性控制城市发展规模和空间形态，将环境容量和城市综合承载能力作为城市定位和规模的基本依据，推动形成绿色、低碳的生产生活方式和城市建设运营模式，实现人与自然、人与人、人与社会的全面和谐。

　　建设美丽中国，需要大力推进绿色城镇化，依托现有山水风物，让城镇融入自然，在实现城镇作为人口聚居、产业发展载体的同时，也能保持良好的生态环境质量，延续望得见山、看得见水、忆得起乡愁的文化传承。实现绿色城镇化，以生态文明理念为引领，突出尊重自然、顺应自然、保护自然，也将带来深刻的实践变革。为了丰富我国绿色城镇化理论和方法研究，我们对近年来的研究成果进行了梳理总结，希望在绿色城镇化的理念、方法和技术方面为国内的决策者和研究人员提供借鉴参考。本书由中国-上海合作组织环境保护合作中心、中国科学院地理科学与资源研究所、中国科学院生态环境研究中心等机构人员共同编著完成，中国-上海合作组织环境保护合作中心周国梅、张洁清给予总体指导。

本书分为上下两篇，上篇为绿色城镇化内涵、机遇与挑战，共分为两章，主要由周雨宝、国冬梅、李菲、段飞舟等完成；下篇为国内外绿色城镇化经验比较研究，共四章，主要由冯悦怡、刘妍妮、张扬、谢静等完成。全书由周国梅、段飞舟、张扬和王语懿统稿，何宇通、安娜•贾尔恒承担文字核校工作。

鉴于我国城镇化仍处于快速发展进程中，相关研究还在不断深入，加之作者的知识和能力有限，书中难免有疏漏之处，敬请不吝赐教。希望本书的出版能起到抛砖引玉的作用，为促进我国绿色城镇化发展贡献绵薄之力。

编委会
2020 年 5 月

目录

上篇

绿色城镇化内涵、机遇与挑战

第一章　绿色城镇化背景与内涵 *

改革开放以来，中国城镇化经历了一个起点低、规模大、速度快的发展过程。1978—2017 年，建制镇数量从 2 173 个增加到 21 116 个，城镇人口从 1.72 亿人增加到 8.13 亿人，人口城镇化率从 17.92% 提高到 58.52%，平均每年新增城镇人口 1 643 万人，城镇化率年均提高 1.04 个百分点，远高于世界同期平均水平。

城镇化不仅是中国经济转型升级的巨大动力，而且是扩大内需的最大潜力所在，对稳增长、促改革、调结构、惠民生具有重大促进作用。但是，城镇化进程中资源过度消耗、环境污染面积不断扩大、"城市病"快速蔓延等问题的出现对我国环境保护工作提出了严峻的挑战。因此，党的十九大要求坚决落实十八届五中全会确立的"创新、协调、绿色、开放、共享"的发展理念，指出"建设生态文明是中华民族永续发展的千年大计。必须树立和践行'绿水青山就是金山银山'的理念，坚持节约资源和保护环境的基本国策，像对待生命一样对待生态环境"，推动绿色发展、循环发展、低碳发展，将生态文明理念贯穿于城镇化各领域和全过程，走绿色城镇化道路。

---

* 本章由周雨宝、国冬梅撰写。

第一节　绿色城镇化内涵

一、绿色城镇化的背景

（一）环境问题成为人类的共同挑战

城市用占全球 2% 的表面积容纳了全球约 50% 的人口，在创造了全球 80% 以上 GDP 的同时，也消耗了全球 85% 的资源能源，并排放了同等规模的温室气体，从而引发了气候变暖、海平面上升、碳平衡失调、生物多样性丧失等一系列生态环境问题。联合国政府间气候变化专门委员会（IPCC）第四次评估报告显示，1906—2005 年全球地表平均温度上升了 0.74℃，而近 10 年是有记录以来最热的 10 年。其后果之一就是极端气候事件趋多趋强，全球台风和飓风频率由 20 世纪 70 年代初的不到 20% 增加到 21 世纪初的 35% 以上。

面对日渐严重的全球环境与城市危机，各国政府不得不重新审视人与自然的关系，探索城市发展的理想模式，谋求城市转型的有效路径，并开始了绿色城镇化的积极实践。生态文明理念逐渐成为全球共识和时代主题，推动城市向低碳化、绿色化发展转型已成为人类探索城市可持续发展的必由之路。

（二）传统粗放型城镇化模式难以为继

我国正处于快速城镇化与环境资源危机并存的阶段。2011 年，我国人口城镇化率达到 51.27%，城镇人口数量达到 6.91 亿人，比农村人口多出 3 423 万人，首次超过农村人口数量。我国已经进入社会结构快速转型的城市社会时代，未来 20 年，我国城镇化率预计将以年均 1 个百分点的速度提高。

根据世界城镇化发展的"诺瑟姆曲线"，城镇化水平在 30%～70% 时，城镇化进程就会进入一个加速发展时期。城镇化水平的不断提高将给我国的资源环境带来巨大的压力和严峻的挑战，生态保护任务非常艰巨。

当前，我国能源、土地和水资源的"瓶颈"效应越发明显，推动城市向低碳化、绿色化转型发展，已成为中国突破资源"瓶颈"、破解"城市病"、促进城镇化健康发展唯一可行的道路。

（三）绿色化是新型城镇化战略的必然选择

"新型城镇化"概念提出已有 10 多年时间，党的十六大提出"新型工业化"道路，党的十八大明确提出坚持走中国特色新型城镇化的道路，并把生态文明建设放在突出地位。从根本上提升我国城镇化发展质量和效益，使蓝天常在、青山常在、绿水常在，实现中华民族永续发展，必须坚持把节约优先、保护优先、自然恢复作为基本方针，把绿色发展、循环发展、低碳发展作为基本途径，加快建立与新型城镇化相适应的生产生活方式和城市建设运营模式，稳步提高城镇化的绿色含量和生态文明水平。

新型城镇化贵在"新"字，即坚持以人为本、质量优先和可持续发展，并促进城乡统筹、产城互动、节约集约、生态宜居、和谐发展，是大中小城市、小城镇和农村新型社区协调发展、互促共进的城镇化。在新型城镇化战略体系中，已将城镇化与绿色发展相结合，并把实现生态优化和区域碳排放量下降作为硬任务，目标直指环保和低碳，追求低碳循环、集约高效、生态宜居和协调可持续的城镇化。绿色城镇化，既是对我国传统粗放式城镇化模式的系统反思，也是国际上城镇化经验教训的实践借鉴，更是应对我国未来经济社会发展不确定性的必然之举。

在资源环境趋紧的大背景下，2015 年 4 月，《中共中央　国务院关于加快推进生态文明建设的意见》明确提出大力推进绿色城镇化。该意见明确指出，要认真落实《国家新型城镇化规划（2014—2020 年）》，根据资源环境承载能力，构建科学合理的城镇化宏观布局，严格控制特大城市规模，增强中小城市承载能力，促进大中小城市和小城镇协调发展；尊重自然格局，依托现有山水脉络、气象条件等，合理布局城镇各类空间，尽量减少对自然的干扰和损害；保护自然景观，传承历史文化，提倡城镇形态多样性，保持特色风貌，防止"千城一面"；科学确定城镇开发强度，提高城镇土地利用效率、建成区人口密度，划定城镇开发边界，从严供给城市建设用地，推动城镇化发展由外延扩张式向内涵提升式转变；严格新城、新区设立条件和程序；强化城镇化过程中的节能理念，大力发展绿色建筑和低碳、便捷的交通体系，推进绿色生态城区建设，提高城镇供排水、防涝、雨水收集利用、供热、供气、环境等基础设施建设水平；所有县城和重点镇都要具备污水、垃圾处理能力，提高建设、运行、管理水平；加强城乡规划"三区四线"（禁建区、限建区和适建区，绿线、蓝线、紫线和黄线）管理，维护城乡规划的权威性、严肃性，杜绝大拆大建。由此，城镇化的绿色转型成为当前和今后社会经济发展的重要主题。

二、我国推动绿色城镇化建设的特殊性和必要性

1978 年以来，中国的能源使用总量增长了 6 倍，推动经济总量增加了 18 倍，城市人口增加了 1 倍多。此外，随着城镇化进程的推进，能源使用的增长速度前所未有且超出预期。2015 年，中国能源消费量占全球总量的 23%，净增长占全球总量的 34%，中国仍是世界上最大的能源消耗国，且能源消耗仍处于上升阶段（较上年增长 1.5%）[①]。中国人口占世界人口的 20%，但淡水资源占有量却不到 7%，水资源短缺和水资源总体质量不佳是中国城市可持续发展中的一个重大问题。同时，中国的城镇化已经消耗了大量的土地资源，2001—2011 年，中国城市建设用地数量增加了 1.76 万 km^2；到 2011 年，城市建设用地总面积达到 41 805 km^2，在过去 10 年间增加了 58%。其中，城市建设用地需求大约 90% 是靠征用农村土地满足的，只有 10% 是通过未开发城市建设用地的现有存量来供应的。中国耕地面积已下降到接近 18 亿亩（1.2 亿 hm^2）的"红线"，这被认为是确保粮食安全所需的最低限度，如果未来 10 年城镇化进程继续按目前的趋势发展，城市增长还需要 3.4 万 km^2 土地。如果这些土地需要来自耕地，最终的结果将是耕地面积降至低于"红线"的水平。

[①] 资料来源：《BP 世界能源统计年鉴 2016》。

　　2016 年 12 月 6 日，环境保护部与住房和城乡建设部联合印发《全国城市生态保护与建设规划（2015—2020 年）》，对城市垃圾处理率、饮用水质量、空气质量等环保指标提出更加具体的目标，以完善城市生态功能、加大城市生态保护力度、改善城市人居环境质量。同时，生态城市、海绵城市、智慧城市等城市试点建设项目也在紧锣密鼓地推进中，以此探索破解城市环境问题的突破口。

　　我国推动绿色城镇化建设具有以下特殊性：一是我国高度紧张的资源能源格局，决定了绿色化战略的重要性；二是我国日益加剧的资源环境矛盾，决定了绿色化转型的紧迫性；三是我国史无前例的城镇化进程，决定了绿色化转型的艰巨性；四是我国地形复杂、国土辽阔，决定了绿色化模式的多样性。

　　我国推动绿色城镇化建设的必要性体现在：一是对接国际绿色发展规则和标准，提升我国国际话语权和竞争力。一方面需要兑现我国在国际上的气候减排承诺，在国际气候谈判格局中抢占主动地位；另一方面要输出接轨世界的标准模式，打破国际绿色贸易壁垒，提升国际话语权和竞争力。二是确立未来我国城乡发展的新路径和新标准，提升城乡人居环境质量，保障中华民族永续发展。贯彻落实中央关于绿色化发展的理念和战略，推进国家新型城镇化和生态文明建设，走资源节约、环境友好、集约紧凑的绿色城镇化道路，以最小的资源环境影响来获取最大的城镇化收益。

三、绿色城镇化的科学内涵与基本特征

（一）绿色城镇化的内涵

　　绿色城镇化是从根本上不同于高消耗、高排放、高扩张的粗放型城镇化的模式，坚持把生态文明理念和原则全面融入城镇化全过程，以低消耗、低排放、高效有序为特征，强调集约、智能、绿色、低碳发展，是一种城镇人口、经济和资源环境相协调，资源节约、低碳减排、环境友好、经济高效的城镇化发展新路径。

　　资源节约与低碳减排是绿色城镇化的具体推进方式，环境友好与经济高效是绿色城镇化的预期效果。资源节约，就是要在城镇化过程中以建设生态型紧凑城市为发展导向，集约开发与节约利用各种能源资源，建设生产发展、生活便利、生态优美的复合城市，减少城镇化对各类资源的消耗。低碳减排，就是要在综合创新的基础上，全面推行低碳能源技术、低碳发展模式、低碳生活方式，这是推进绿色城镇化的关键环节与核心任务。环境友好，就是倡导在城镇化过程中更加注重环境保护与生态建设，更加注重绿色生态空间的开发与建设，构筑城市生态廊道和生态网络，实现人与自然和谐共生。经济高效，就是要尊重生态环境容量和资源承载力，严格控制经济发展中的生态环境成本，不以牺牲资源环境为代价换取一时的经济增长，强调城镇化发展质量，追求城镇经济效益、社会效益和生态环境效益的有机统一。

（二）绿色城镇化的基本特征

　　绿色城镇化不仅是一次简单的城镇化发展转型，更是经济社会发展方式的根本性变革。

　　绿色城镇化的首要目标是实现人与自然和谐发展。为避免人与自然环境矛盾的进一步突出，我国在推进新型城镇化进程中应强调人的一切社会经济活动都要与自然生态保持协调，促进人与自然的可持续发展。

　　绿色城镇化是人类应对时空外部性问题的共同行动。温室气体聚集产生的气候作用力虽然影响不同，但是没有国界之分，一个国家的二氧化碳排入大气中之后，将对整个世界产生影响，任何一个国家或地区单独行动都无法解决这一问题。所以，绿色城镇化建设已成为当前人类应对最大时空外部性环境问题的自觉和共同行动，为应对全球气候变化危机开创了发展路径。

　　绿色城镇化是经济社会发展方式的根本性变革。倡导城镇化的绿色化，是一种全新的城市发展理念，需要改变以"奢侈"为时尚的生活观，树立"绿色、低碳"的消费理念和文化价值观，推动经济发展方式向低污染、低排放、低能耗方向转变，创造一种新的规则，把低碳排放作为新的价值衡量标准，从公众、企业到国家，均要在新的标准下重新变革。

第二节 绿色城镇化相关理论

绿色城镇化是一个复杂的系统，从其构成因素考量，绿色化基础理论不是单一的某个理论，而是一个从多个角度、由多种理论有机构成的"理论共同体"，包括景观生态学理论、田园城市理论、城市生态学理论、环境库兹涅茨理论、精明增长理论、新城市主义理论、可持续发展理论等。

一、景观生态学理论

"景观生态学"一词是德国著名的植物学家 C. 特罗尔（C.Troll）于20 世纪 30 年代提出的，是对景观某一地段上生物群落与环境间主要的、综合的、因果关系的研究，这些研究可以从明确的分布组合（景观镶嵌、景观组合）和各种大小不同等级的自然区划表示出来。"二战"以后，全球性的人口、粮食、环境问题日益严重，大大促进了以土地为主要研究对象的景观生态学研究。至 20 世纪 80 年代初，中欧成为景观生态学研究的主要地区，德国、荷兰和捷克斯洛伐克成为景观生态学研究的中心，形成了各具特色的研究体系。

二、田园城市理论

霍华德（E.Howard）于 1898 年针对英国快速城镇化所出现的交通拥堵、城乡生态环境恶化与城乡居民生活环境品质下降等一系列问题，提出应该建设一种兼有城市和乡村优点的理想城市，他称之为"田园城市"，核心内容包括三个方面：一是疏散过分拥挤的城市人口，防止"摊大饼"式的城市布局，完善乡村功能和服务，缩小城乡差距，使农村居民安居乡村；二是建设新型城市，即环绕一个中心城市（人口为 5 万～8 万人）建设若干个田园城市，当其人口达到一定规模时，就要建设另一个田园城市，形成城市组群——社会城市；三是改革土地制度，使地价的增值归开发者集体所有。

三、城市生态学理论

城市生态学是生态学原理在城市中的应用，其理论基础主要包括生态系统、生态承载力和生态足迹等相关理论。生态系统是指在一定的时间和空间内，生物与其生存环境之间以及生物与生物之间相互作用，彼此通过物质循环、能量流动和信息交换，形成一个不可分割的整体。城市生态系统是一个自然—社会—经济复合生态系统，也是高度人工化的生态系统，具有不完整性、不稳定性和脆弱性等特征。城市的发展必然受到资源和环境的制约，要充分考虑生态承载能力，人类活动对城市生态系统的干扰不能超过其自我维持和自我调节的范围，否则城市生态系统将走向衰退或死亡。

四、环境库兹涅茨理论

库兹涅茨理论是 20 世纪 50 年代诺贝尔奖获得者、经济学家库兹涅茨用来分析人均收入水平与分配公平程度之间关系的一种学说。其研究表明，收入不均程度随着经济增长先升后降，呈现倒"U"形曲线关系。同理，当一个国家经济发展水平较低时，环境污染的程度较轻，但是随着人均收入的增加，环境污染由低趋高，环境恶化程度随经济的增长而加剧；当经济发展达到一定水平后，即到达某个临界点或称"拐点"以后，随着人均收入的进一步增加，环境污染又由高趋低，环境污染的程度逐渐减缓，环境质量逐渐得到改善，这种现象被称为环境库兹涅茨曲线。

五、精明增长理论

20 世纪 90 年代末，美国人意识到"郊区化"发展带来了诸多问题：低密度的城市无序蔓延，人口涌向郊区建房，"吃"掉大量农田，城市越"跑"越远，导致能耗过多、上班路程太长等"城市病"接踵而来。"精明增长"是一项与城市蔓延针锋相对的城市增长政策。2000 年，美国规划师协会（APA）联合 60 家公共团体组成了"美国精明增长联盟"
（Smart Growth America）。2003 年，美国规划师协会在丹佛召开规划会议，
会议的主题就是用精明增长来解决城市蔓延问题，并确定精明增长的核
心内容是：用足城市存量空间，减少盲目扩张；加强对现有社区的重建，
重新开发废弃、污染工业用地，以节约基础设施和公共服务成本；城市
建设相对集中，密集组团，生活和就业单元尽量拉近距离，减少基础设施、
房屋建设和使用成本。

六、新城市主义理论

"新城市主义"发源于美国，针对城镇化向郊区蔓延所导致的一系
列问题，美国提出了"公共交通主导的发展单元"的发展模式。其核心
是以区域性交通站点为中心，以适宜的步行距离为半径，设计从城镇中
心到城镇边缘仅 1/4 英里 [①] 或步行 5 分钟的距离，取代汽车在城市中的
主导地位；在这个半径范围内建设中高密度住宅，提高社区居住密度，
使每英亩 [②] 由 1 个居住单元增加到 6 个单元；混合住宅及配套的公共用
地、商业和服务等多种功能设施，以此有效地达到复合功能的目的，从
区域宏观的视角整合公共交通与土地使用模式的关系。

七、可持续发展理论

1987 年，世界环境与发展委员会在《我们共同的未来》报告中，第
一次阐述了可持续发展的概念是"既满足当代人的需求，又不对后代人
满足其需求的能力构成危害的发展"，得到了国际社会的广泛认可。可
持续发展的核心是发展，但要求在严格控制人口、提高人口素质和保护
环境、资源可持续利用的前提下进行。

可持续发展包含经济、生态与社会三方面内容。可持续发展鼓励经

①　英里为英制长度单位，1 英里约为 1.609 km。
②　英亩为英制面积单位，1 英亩约为 0.405 hm²。

济发展，特别是贫困地区包括发展中国家和一国中后进地区的经济发展。因为这既为提高人民生活水平及其质量提供保障，也为生态与社会可持续发展提供必要的物力和财力，不能以保护环境为由遏制经济发展。生态可持续性是指生态系统的良性循环及自然生产力的稳定乃至增长，并与环境承载能力相协调，合理利用自然资源，实现人与自然之间的和谐。社会可持续性强调发展的社会公平、社会凝聚力和社会参与性。创造一个保障人人平等、自由和免受暴力，保障人人有教育权和发展权，保障人权的社会环境，保持持久的人口数量。

　　除上述理论外，绿色城镇化这个复杂系统还包括一些其他理论，如低碳经济理论、循环经济理论、生态经济理论、"脱钩"理论和系统论等，这里不再一一赘述。

第三节　绿色城镇化的新理念与新机制

一、绿色城镇化发展的新理念

（一）智慧城市

　　"智慧城市"（Smart City）是于 20 世纪末在全球范围广泛传播起来的、旨在推动城市可持续发展的发展理念，是未来城市发展的趋势之一。在"智慧城市"的理论中，将城市视作一个生态系统，而在城市中所包含的居民、交通、经济、能源、水、通信等各种资源则是构成城市这一生态系统的子系统，上述子系统之间相互联系、相互影响。在传统的城市发展中，上述子系统之间的联系性不强，因此不能为城市的进一步发展给予信息整合的功能。引入"智慧城市"这一先进的城市发展理念后，可以充分利用网络、决策优化、云计算等先进的技术手段，依靠感知、物联、智能等先进的响应模式，在城市不同部门和系统之间做到信息共享和协同作业，更合理地配置资源，做出最好的城市发展和管理决策。

（二）弹性城市

"弹性城市"理论和实践经验主要来自欧美，是指城市的经济、社会、环境等各个系统应对外部干预，吸收与化解压力及变化，并仍旧保持其基本结构和功能的能力。主要包括三个特质：一是城市系统的多元性，确保城市发展目标的多维化以及问题应对思路和技术的多元化；二是城市制度的适应性和创新性，强调多尺度的网络连接性和适应性治理，以及更新和创新思维的能力；三是城市资源的储备能力，强调功能模块的重叠、基础设施的可靠、生态系统的可持续性及社会资本的有效储备。

（三）城乡一体化

城乡经济社会一体化发展，是实现城镇化各方面协调同步的一个重要思路。在城乡经济社会一体化背景下，资源环境保护在城乡间不一致、不同步的现象能够有效避免。城乡经济社会一体化，既是我国经济发展和人口素质提高共同导致的客观趋势，也是未来城镇化进程中实现利益协调、摆脱资源环境制约的必由之路。首先，产业发展与人口就业的城乡一体化，实现产业集聚，从而实现土地的高效利用，以及生产资料和其他资源使用的最小化；其次，基础设施与公共服务的城乡一体化，为绿色城镇化提供了必要条件；最后，城乡公共服务一体化，能够促使进城务工人员尽快完成向产业工人的职业转化、生活转化和心理转化，增强新市民的科学素质和绿色观念。

（四）产城融合

2013年《中共中央关于全面深化改革若干重大问题的决定》明确提出，"坚持走中国特色新型城镇化道路，推进以人为核心的城镇化，推动产业和城镇融合发展"。2014年《国家新型城镇化规划（2014—2020年）》提出，"统筹生产区、办公区、生活区、商业区等功能区规划建设，推进功能混合和产城融合，在集聚产业的同时集聚人口，防止新城新区空心化。加强现有开发区城市功能改造，推动单一生产功能向城市综合功能转型，为促进人口集聚、发展服务经济拓展空间"。2015年《关于开展产城融合示范区建设有关工作的通知》要求国家级新区要主动适应经济发展新常态，全面落实产城融合发展理念，走以产兴城、以城带产、产城融合、城乡一体的发展道路，促进产城融合发展。

产城融合是在我国转型升级的背景下相对于产城分离提出的一种发展思路，顺应了我国当前和未来发展的大趋势，是新时期背景下产业和城市关系的集中体现，也将为新区建设和管理提供新的理念和思路。产—城—人互动融合是城镇化发展的高级阶段，也是城市实现可持续发展的基本保证，可以将产城融合概括为"坚持以人为本、科学发展思路，在满足居民生产、生活需要的前提下，实现产业结构升级、空间结构优化、核心功能提升、社会文化彰显、生态环境优美的共生共融的良性互动发展局面。其要求产业与城市功能融合、空间整合以及人口融合，以产促城，以城兴产，产城融合"。产业和城市的融合是一个复杂而又漫长的相互作用过程，既包括产业业态的融合，也包含城市形态的融合。

（五）无废城市

"无废城市"是以"创新、协调、绿色、开放、共享"的新发展理念为引领，通过推动形成绿色发展方式和生活方式，持续推进固体废物源头减量和资源化利用，最大限度地减少填埋量，将固体废物环境影响降至最低的城市发展模式。"无废城市"并不是没有固体废物产生，也不意味着固体废物能完全资源化利用，而是一种先进的城市管理理念，旨在最终实现整个城市固体废物产生量最小、资源化利用充分、处置安全的目标。

二、绿色城镇化管理新机制

（一）环境治理组织结构创新

完善横向协调机制。2013 年北京等 6 省（区、市）和环境保护部等国家部委建立京津冀及周边地区大气污染防治协作机制，对深化区域污染防治联防联治，协调解决区域内突出重大环境问题发挥了主要作用。

要按照"责任共担、信息共享、协商统筹、联防联控"的工作原则，完善、推广京津冀及周边地区大气污染防治协作机制，不断丰富区域和流域环境治理协作内容，加快完善污染预报预警、联动应急响应、环评会商、联合执法、生态补偿机制等制度，逐步建立协作长效机制，发挥协同效应。

形成多中心治理模式。建立"环境监测、污染控制、行政处罚"为一体的环境监管机制，充分运用监督性监测、污染源在线监控、现场监察等手段，依法处罚环境违法行为。发挥市场作用，扩大排污权有偿使用和交易试点范围，发展排污权交易市场；积极推进环境污染第三方治理，建立环境产品和服务交易平台，探索将城镇污水、生活垃圾、污泥处理等特许经营权纳入贷款抵（质）押担保物范围，引入社会力量投入环境污染治理。

科学设定环境规制标准，促进企业进行技术和组织创新，通过创新补偿和先动优势效应提高生产效率和市场竞争力，形成企业主动治污的内生动力。完善公众参与机制，及时准确披露各类环境信息，建立环境公益诉讼制度，提高公众参与环境治理的能力，保障公众的环境权益；加强环境宣传教育，提高公众对环境的支付意愿，形成绿色的生活和消费方式。

（二）环境绩效评价考核制度创新

环境绩效评价考核的关键是要解决环境治理远期收益的当期贴现问题。要建立环境绩效评价指标体系。依据科学性、可操作性、简洁性、数据可得性等原则，对主要污染物减排、大气污染防治、流域水污染防治等各类单项考核指标进行梳理整合，充分考虑历史因素和地区差异，建立信息全面、统一协调、分类指导的环境绩效评价指标体系，在此基础上建立健全相关规章制度，使环境绩效评价规范化、制度化运行。

促进评价主体多元化。2014年以来，国务院、各部委和地方政府都开始引入第三方评估。要建立多元化的环境绩效评价主体，绩效评价过程公众参与，绩效评价结果信息公开，使评价结果更加客观、公正，并且及时反映公众需求，促进地方政府环境治理持续创新。

第二章　我国绿色城镇化建设的机遇与挑战 [*]

第一节　我国城镇化总体格局

一、整体格局

2016 年，中国的城镇化率已经达到 57.35%，处于城镇化中期的后一阶段。在本阶段，城镇化率仍将快速增长，但增长速率将开始呈回落态势。我国从 1996 年开始进入城镇化中期阶段，至此城镇化进入高速增长期，见图 2-1。

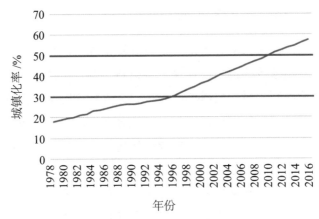

图 2-1　1978 年以来我国的城镇化率

数据来源：2016 年数据来自《中国统计摘要 2017》，其余数据来自《中国统计年鉴 2016》。

* 本章由李菲、段飞舟撰写。

　　截至 2016 年，我国城镇化率较上年平均增长值为 1.34%。1978—1995 年，城镇化率年平均增长值仅为 0.65%。我国从 2011 年开始进入城镇化中期的后一阶段，至此城镇化率仍快速增长，但增长速率开始回落。1996—2010 年，城镇化率年平均增长值为 1.39%；而 2011—2016 年，城镇化率年平均增长值回落至 1.23%。从图 2-2 中可以看出，除个别年份波动较大外，平均而言，1996—2010 年城镇化率年增长值普遍较高，2011—2016 年增长值其次，1978—1995 年增长值相对较低。

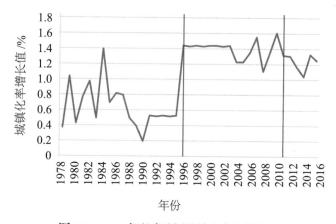

图 2-2　1978 年以来我国城镇化率年增长值

数据来源：2016 年数据来自《中国统计摘要 2017》，其余数据来自《中国统计年鉴 2016》。

　　横向来看，除西藏自治区外，各省、自治区、直辖市城镇化进程均处于中期及以上阶段，城镇化水平较高。2016 年，西藏自治区的城镇化率为 29.56%，即将迈入城镇化中期门槛。仅有 7 个省城镇化率处于中期的前一阶段，其中四川、河南、新疆、广西四省（区）接近 50% 门槛。23 个省（区、市）城镇化率超过 50%，且上海、北京、天津 3 个直辖市城镇化率超过 80%，已经进入城镇化后期，见图 2-3。

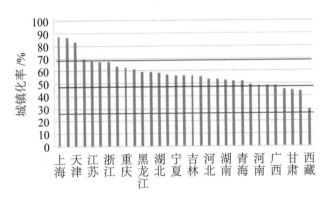

图 2-3　2016 年部分省、自治区、直辖市城镇化率

数据来源：《中国统计摘要 2017》。

二、新时期的城镇化格局

"一带一路"倡议与京津冀协同发展、长江经济带是当前重点实施的三大战略。接下来分析该三大战略对应的国内区域城镇化现状。

（一）"一带一路"倡议

本节以我国境内"一带一路"节点城市为研究对象，研究"一带一路"倡议下国内区域的城镇化格局。节点城市是"一带一路"范围内我国境内重要的中心性城市，在承接和传递人流、物流、资金流中起着重要作用，是带动周围区域发展的重要城市。根据相关研究[①]，国内"一带一路"节点城市合计 35 个。其中，"丝绸之路经济带"北线节点城市主要沿第一亚欧大陆桥分布，包括哈尔滨、长春、沈阳、呼和浩特、银川等；中线主要沿第二亚欧大陆桥分布，包括合肥、南昌、长沙、武汉、郑州、西安、重庆、成都、兰州、西宁、乌鲁木齐等；南线部分，包括南宁、昆明、拉萨。"21 世纪海上丝绸之路"中国境内节点主要是沿海港口城市，包括大连、天津、烟台、青岛、上海、杭州、宁波、福州、泉州、厦门、汕头、深圳、

---

① 何春，谭啸，汤凯．"一带一路"节点城市新型城镇化水平测度及优化 [J]. 经济问题探索，2017(6): 184-191.

广州、湛江、海口、三亚等。

我国 35 个"一带一路"节点城市中，城镇化率最低的是湛江市，为 40.7%，最高的是深圳市，为 100%。总体来看，我国"一带一路"节点城市城镇化发展程度较高。表 2-1 显示，60% 的节点城市处于城镇化后期阶段，34.3% 的城市处于城镇化中期的后一阶段，仅有 2 个城市处于城镇化中期的前一阶段，没有城镇化初期的城市。

表 2-1 国内节点城市所处的城镇化发展阶段

城镇化阶段		城市名称	数量 / 个	数量占比 /%
城镇化初期		无	0	0
城镇化中期	前一阶段	拉萨市、湛江市	2	5.7
	后一阶段	青岛市、郑州市、西宁市、福州市、呼和浩特市、哈尔滨市、泉州市、长春市、重庆市、烟台市、南宁市、南昌市	12	34.3
城镇化后期		深圳市、厦门市、上海市、广州市、天津市、兰州市、沈阳市、武汉市、大连市、乌鲁木齐市、海口市、银川市、杭州市、长沙市、西安市、三亚市、成都市、宁波市、合肥市、汕头市、昆明市	21	60.0

数据来源：城镇化率数据主要来自各市《2015 年国民经济和社会发展统计公报》，公报没有公布的数据通过当地统计局对外公布、相关省份年鉴、相关城市政府工作报告等途径获取。

（二）京津冀协同发展战略

作为全国三大城市群区域之一，京津冀地区的城镇化处于较高水平。长期以来，京津冀地区的城镇体系主要问题是具有明显断层，承接北京、天津特大城市且辐射中小城市的大城市数量明显偏少。图 2-4 反映出，北京、天津已处于城镇化后期，河北城市均处于中期，且唐山、石家庄、廊坊、秦皇岛、张家口、邯郸等城市已处于城镇化中期的后一阶段。近年来，随着北京非首都功能疏解、以河北雄安新区为代表的"反磁力中心"的确立、京津冀各项联系的紧密深入，城市体系更加健全、完善。

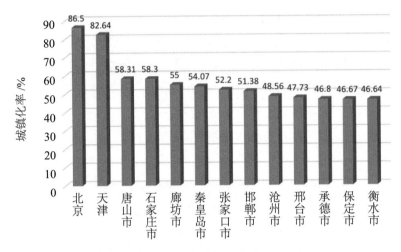

图 2-4　京津冀地级及以上城市城镇化率

数据来源：北京、天津数据来自《中国统计年鉴 2016》，河北城市数据来自《河北经济年鉴 2016》。

（三）长江经济带战略

长江经济带横跨我国三大阶梯，覆盖上海、江苏、浙江、安徽、江西、湖北、湖南、重庆、四川、云南、贵州 11 省（市），总面积 205.08 万 km²，占全国的 21.0%。2016 年，长江经济带 11 省（市）城镇化率平均为 58.14%，处于城镇化中期的后一阶段，城镇化水平较高。长江经济带幅员辽阔，各省市城镇化率具有一定差异。其中，上海城镇化率水平最高，87.9% 已处于城镇化后期。江苏、浙江正从城镇化中期向后期阶段过渡，城镇化率分别为 67.7%、67.0%。其余地区均处于城镇化中期。其中，重庆、湖北、江西、湖南、安徽处于城镇化中期的后一阶段，四川即将达到 50%，云南、贵州处于城镇化中期的前一阶段，分别为 45.03%、44.15%。

从城镇化进程本身来看，我国已经开始摆脱粗放式增长阶段，进入内涵式增长，而这其中，绿色发展是重要内容。

三、我国绿色城镇化建设实践探索

在国外绿色城镇化建设实践风起云涌之时，国内一些城市也纷纷掀起了一股低碳化、绿色化建设热潮。深圳、杭州、保定、天津、无锡等城市提出建设绿色城镇的目标，并采取切实行动，从不同领域或方面为绿色城镇化建设探索出了新路。杭州大力推进低碳经济、低碳建筑、低碳交通、低碳生活、低碳环境、低碳社会"六位一体"的低碳城市建设；上海崇明东滩致力建设碳中和地区，积极发展新能源、氢能电网、环保建筑等；厦门围绕绿色城镇化建设，重点推广 LED 灯、建设太阳能建筑、打造低碳交通等；无锡与瑞典合作建设中瑞生态城，并制定了详细的发展规划；吉林侧重于低碳经济示范区，探索重工业城市的结构调整战略；保定着力建设绿色低碳新能源基地，打造以电力技术为基础的产业和企业集群，建设"中国电谷"和"太阳能之城"；德州侧重于低碳产业，积极发展风电装备制造业，推行生物质发电，积极打造"中国太阳谷"；天津和唐山则是在盐碱地等生态脆弱地区建设生态城，为我国城市探索新的建设模式和经验，其中天津中新生态城被定位为"我国生态环保、节能减排、绿色建筑等技术自主创新的平台；国家级环保教育研发、交流展示中心和生态型产业基地；生态宜居的示范新城"。详见表 2-2。

表 2-2　近年我国绿色城镇化建设实践探索

城市或示范地区	目标与发展定位	行动措施或计划
上海崇明东滩	碳中和地区	建立低碳社区、低碳产业园、低碳农业园区、自然碳增汇示范、低碳生态型旅游五大示范区，突破一批低碳化新技术，创建低碳城镇建设技术、低碳产业发展、碳源与碳汇的碳平衡和低碳发展政策四个保障体系
上海临港新城	低碳实践区	建立若干低碳社区、低碳产业园区等低碳发展实践区，大力发展高端制造业、港口服务业等低碳产业，发展太阳能、风力和天然气发电等
上海虹桥枢纽	低碳商务区	贸易平台、商务社区、低碳实践区、城市综合体

城市或示范地区	目标与发展定位	行动措施或计划
天津中新生态城	低碳生态城	指标体系指导规划建设，构建安全的生态格局，构建资源循环永续利用体系，发展低碳生态产业，打造绿色交通、绿色建筑、生态社区及社会事业建设
唐山曹妃甸	国际生态示范城	指标体系指导规划建设，水资源综合利用、绿色交通、城市安全、循环经济、社会事业
深圳市	绿色城镇化	绿色建筑、低碳产业、低碳总部基地建设、循环经济、垃圾综合利用、基本生态控制线、绿道
北京长辛店	低碳社区	清洁能源利用、低碳社区规划、绿色交通、公共设施可达性
苏州市	低碳示范产业园	以节能环保产业为核心的产业升级
无锡市	中瑞低碳生态城	新能源利用、水资源循环利用、固体废物处理等，建立低碳城市研究中心
杭州市	低碳城市	低碳经济、低碳建筑、低碳交通、低碳生活、低碳环境、低碳社会
厦门市	建设领域低碳示范城市	城市规划、可再生能源利用、建筑节能，地下空间开发、生态城市建设、低碳交通等重点领域、推广 LED 灯等低碳产品，倡导低碳生活方式
珠海市	低碳经济示范区	新能源发展战略
南昌市	低碳经济先行区	围绕太阳能、LED、服务外包、新能源汽车等低碳产业定位，打造三大低碳经济示范区
吉林市	低碳示范区	探索重工业城市的结构调整战略
德州市	低碳产业	风电装备开发，生物质发电，"中国太阳谷"
保定市	低碳城市	以新能源与能源设备制造业为主的低碳产业、"中国电谷""太阳能之城"
淮南市	生态城市	瓦斯综合利用、采煤塌陷区生态修复
安吉县	生态县城	污水和垃圾处理、生态经济和城乡统筹

四、绿色城镇化建设案例剖析——西安浐灞生态区

在绿色丝路建设背景下，无论是在原有开发区还是在产业园区基础上创建"一带一路"的生态区，都是要推动当前的产业园区转型升级，

进一步综合运用国内国际两大市场、两种资源来扩大开放和深化改革，更加市场化、生态化、智慧化，以符合"一带一路"建设的要求。西安浐灞生态区是西安重点发展的七个开发区之一，是国家战略中的重要节点——西北地区首个国家级生态区、国家水生态系统保护与修复试点区域、国家绿色生态示范城区，因此，深入考察浐灞生态区的区位辐射作用程度，考察10年建设模式对具有可类比环境的中西亚地区的示范作用程度具有重要意义。

（一）防止生态空间破碎化，划定生态保护红线

规划初期，浐灞生态区以"大疏大密"为布局思路，遵循"生态立区、产业兴城"理念，按照"中心带两翼—两翼促中心—区域一体化"的发展梯度，逐步打造"中部业兴、南北秀美"的区域总体空间开发格局，见图2-5。

在空间布局上，划分生态保护红线区域，有限扩展城市建成区，具体构筑"滨水休闲内环线、宜居宜业中环线、生态秀美外环线"三大环带，夯实基础设施，提升城市服务功能，见图2-6。整体规划构建生态基础设施工程，优化城市生态服务空间配置。其中，"南北两翼"（雁鸣湖园区、湿地园区）定位以生态保育和涵养为主要功能，依托河流、湿地、绿地、滩涂等现有资源，持续加大生态环境修复投入力度，保持现有禁止建设区和有条件建设区比例不降低，构建具有休憩功能的绿色开敞空间，形成适度分散的空间结构。"中部"（金融商务区、总部经济区、世园园区、商贸园区）定位以产业发展为主要功能，重点培育金融商务、商服商贸、文化会展、总部经济等产业，支撑"产业兴城战略"。通过加快现代服务业发展，提高生态区产业化发展水平，努力将该区域打造成为西安高端现代产业集聚区。同时，发展休闲旅游、健康养老等产业，通过"两翼"提升，保障"中部"产业园区发展的资金投入，落实"两翼促中心"战略。

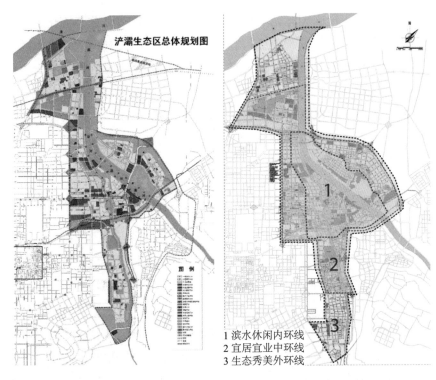

图 2-5 浐灞生态区总体开发格局   图 2-6 浐灞生态区空间结构

（二）抓住生态基础设施建设重点

1. 综合治理、修复浐灞两河与生态城镇建设相结合的项目布局

2004 年生态区重点开展浐灞两河水生态系统修复与保护，截至 2009 年年底已累计完成环保投资 65.35 亿元。从截污减污、治沙修整河道、治理垃圾堆放等方面，填埋浐灞河两岸沙坑、清理垃圾，通过生态保育、植被恢复等措施改善河道水质、控制水体污染，保证河段水质达到水功能区水质标准。在浐灞三角洲和广运潭生态景区的人工湖内营造小型河湾湿地，新增生态湿地 5 000 余亩[①]。湿地修复和建设工程实施后，浐灞集中治理区的湿地覆盖率为 13.2%，改变了原有河流湿地破坏严重的状况，生态服务功能得以恢复。

---

①1 亩 ＝ 1/15 hm²。

（1）灞河治理

2008 年浐灞生态区在灞河依次开展水系统整治与修复、污染治理与污水回用、湿地保护与修复、生态景观建设和生物工程、雨水利用试点建设、生态监测系统建设等六大治理工程。到 2012 年，浐灞河水环境恢复到地表Ⅲ类水平，浐灞河水域累计新增湿地面积 607 hm²，恢复浐灞河河道植被 30 万 m²。东方白鹳、黑鹳等国家一级保护鸟类在浐灞生态区观测频次实现从无到有。

（2）浐河治理

作为长安八水之一，浐河城市段治理对西安整体环境有着至关重要的作用，2013 年浐河城市段整治提升项目启动。目前，浐河城市段堤防改造、河道清淤、河岸绿化景观建设，浐灞河河道整治提升、生态保护、生物多样性恢复等流域综合治理的系统工程已经完成。浐灞两河的治理，使浐灞生态区丰富了在西部缺水城市建设水生态文明的经验，生态治理与城市建设相结合的治理经验值得推广。目前，浐灞生态区绿化面积 1 447.84 hm²，绿化覆盖率为 41.1%。拥有湿地及景观水面 1.7 万亩，河流湿地覆盖率达 13.2%；栽种乔木 30.5 万株，形成林地 1 371.6 hm²，人均公共绿地面积达 13.63 m²。

2. 浐灞生态区水污染防治工程项目组成与投资

（1）生态区污水管网改造提升项目

市政污水设施是城市重要的基础设施之一，关系到城市功能的正常运转。浐灞生态区根据整体规划、分期建设的原则，按照远期规模规划污水管道；考虑现状，尽量利用和发挥原有的污水设施的作用，使规划排水系统与现有排水系统合理地结合，避免污水外溢，减少污水对城市环境的污染，改善河流水体质量。截至目前，浐灞生态区已建成污水管网 59 104 m。生态区污水管网改造提升项目总投资为 32 758.47 万元。配套建设污水管网与 74 条建设道路同步铺设，约 70.65 km，为浐灞生态区内污水处理厂建设污水管道和改造老旧管道。

浐灞生态区污水管网改造提升项目的建设，将分期完善城市基础设施，形成污水管网系统，提高污水入网率，避免对附近环境及浐灞河流造成污染，从源头上解决城市污水污染问题。

（2）河道治理工程

河道治理工程作为西安市实施"大水大绿"工程的集中体现，浐灞河生态区内已建设完成浐河、灞河生态化堤防 34 km，新增橡胶坝 8 座，新增水面面积 7 000 余亩，累计实现水面 1.3 万亩，区域生态环境、生态景观形象得以改善，为河道内湿地生态系统的恢复奠定了基础。

为充分发挥河道生态走廊的功能，恢复河道自然生态景观，减少人工化痕迹，生态区在现有河道连续水面的基础上降低蓄水位，为河道湿地植被的自然恢复创造条件，与生态堤防护岸及相关生态修复工程共同形成涵养地下水水源、水绿相间、错落有致的半湿地半水面河道景观。此外加强水生动植物保护，丰富物种多样性，充分挖掘浐灞河河道走廊的生态功能和生态效益。

（3）浐河城市段生态景观综合整治提升项目

浐河在西安城市段流经灞桥、雁塔、未央三个行政区的边缘，处在城市建设组团间的灰色地带，长久以来缺乏关注，成为城市的排水、纳污河流，生态、景观不断退化，城市功能远离河流，城市空间与河流割裂，是名副其实的"城市角落"。滨水地带缺乏活力，河流生态不佳，滨水建设向河流过度逼近。在此背景下，浐灞生态区启动浐河城市段综合治理项目。项目建设包括浐河城市段堤防改造工程、桃花潭工程，构建城市与自然和谐共生的城市内河景观。建设规模为长 17.65 km 的整治河道，河道沿途景观工程主要包括水系景观调整、堤防景观生态化改造、滨河游憩休闲景观建设、滨河慢行系统建设、堤顶道路建设及废弃橡胶坝改造等。项目总投资 8.7 亿元。

其中，桃花潭工程占地 1 200 多亩（水面 860 多亩，岛屿 220 亩）。该项目对原有浐河两岸垃圾山进行无害化检测和治理，对浐河河道内保存完整的水生植物群落进行保护与恢复，利用建筑垃圾在河道内修筑人工岛，新建堤防 6 km，完成绿化 450 亩，在人工岛上修建生态酒店及配套设施，形成独具特色的循环经济型商务休闲、度假场所，彻底改善了该区域的景观环境。

3.浐灞生态区大气污染防治工程项目与投资

浐灞生态区按照西安市《大气污染防治条例》的规定,拆除污染大、热效率低的燃煤锅炉10余台。加快集中供热及配套工程建设,累计实现新增供热面积296万 m²,提高能源利用率。扬尘治理方面,制定《浐灞生态区扬尘污染防治实施方案》和《考核办法》,控制区内施工扬尘污染,沿三环路、滨河路、陇海铁路等主要交通干线建设防护林带。

在新能源方面,生态区鼓励新建项目采用可再生能源,积极推广太阳能供热、照明及地源热泵中央空调等节能技术,建立示范工程,新建项目中可再生能源使用率达 7.7%。促进中水产业化、市场化发展,利用中水进行工业冷却、绿化浇灌、道路清洗、水系景观养护和建筑施工、扬尘控制等使用,提高水资源利用率,年节约自来水 900 万 t。在全区范围内开展节能建筑建设,新建项目均须达到节能建筑标准,已建成多处节能建筑示范工程。利用建筑垃圾进行回填沙坑、河堤建设和土方造型,重塑景观,建筑垃圾回用率达到 100%。

生态区目前已与中科院地环所签署战略协议和委托合同,中科院地环所已针对生态区现状开展区域空气质量监测分析工作,建立观测网络,进而开展大气源解析,分析生态区大气污染来源。通过利用近几年监测结果,分析大气污染来源,建立观测网络;分析受体样品化学组成,建立受体化学组分数据库;根据大气颗粒物主要排放源特点,研究筛选控制重点排放源,提出适合浐灞生态区有针对性的大气颗粒物污染防治对策和建议。

通过污水截流、建设运营污水处理厂、拆除区内燃煤锅炉、建设清洁能源工程、建设集中供热工程及燃气管网工程、清理区内随意堆置的垃圾、建设垃圾转运站、严格控制施工场地噪声、建设防护林带等一系列污染综合防治措施的实施,积极推进生态区的节能减排工作,使区内水环境、大气环境、声环境质量及生态环境质量得到了明显改善,人居环境的舒适性和适宜性得到极大增强。

（三）提供生态服务产品，优化城市生态服务空间配置

"大水大绿"是浐灞生态区绿化生态主要特色，生态区绿化景观工程项目包括三种类型：带状、面状和网状。

1. 带状绿色生态廊道

沿浐灞河两河四岸形成100～500 m的连续滨河绿带，沿铁路线和快速道路同样形成100～500 m的宽阔生态廊道，构建第一级带状生态林。生态廊道作为连续的生态开放空间，是将郊野新鲜空气引向城市纵深的主要通道。

其中，以雁鸣湖水环境生态治理示范工程最为典型。雁鸣湖位于浐河咸宁桥以南，紧邻浐河西侧堤防，南北长约6 km。生态治理工程主要修建浐河西岸一级堤防3.5 km，利用堤外原有沙坑自浐河引水，形成五个首尾相接的串形湖泊，着力营造"大水大绿"工程。雁鸣湖水系从浐河中挖渠引水设计，经5年建设形成长6 km、宽0.5 km，总面积达3 km^{2}的湖泊湿地，其中水面面积0.66 km^2。

雁鸣湖治理项目一方面通过人工湖的净化过滤有效改善浐河水质，降低泥沙含量，补充地下水水源的同时保障下游地表水厂的用水安全，实现浐河"人工肾"的功能；另一方面通过水生植物种植、垃圾清运、景观绿化、村落改造、人工湿地建设等治理措施形成约10 hm^{2}的湖泊性湿地，极大地改善了周边的生态环境，是生态区水环境治理的试验和展示区域。

2. 面状生态湿地公园

在浐灞河进入生态区的上游区域，依山就势营造生态绿地，成为生态区典型生态景观区，为区域生态化提供良好环境和景观背景。该区域2011年以"天人长安·创意自然"为主题举办世界园艺博览会，世园会占地418 hm^2，其中水域面积188 hm^2。

（1）广运潭湿地公园项目

该项目位于灞河城市段中下游，史称"灞上"，地区文化积淀深厚，是盛唐时期主要的港口之一，曾因非法采沙而满目疮痍。浐灞生态区通过对水资源、水质、防渗、泥沙、水生植物生长适应性等课题进行深入

研究，开展湿地技术、水质净化、可再生能源利用等应用试验，在原有因挖沙而造成的大片沙坑、滩地上，引入灞河水源，建成大小不一的人工湖泊，建成我国北方地区罕有的集生态湿地保护、河道景观、游览观光为一体的生态湿地公园，成为生态性、历史性与文化性和谐统一的灞上明珠。

（2）西安浐灞国家湿地公园项目

该项目位于灞河与渭河的交界处，沿灞河大堤两侧分布，面积约5.81 km²。浐灞国家湿地公园不仅能够解决灞渭交汇处水环境污染问题，更通过人工湿地等生态技术的应用改善水质，恢复湿地风貌，有效降低灞河对渭河的污染输送量，促进西安市泾渭湿地自然保护区建设。同时还将结合实际加强生态农业、观光休闲、科普教育等生态产业的发展和规划，树立渭河流域效益化治理范例，为整个渭河流域治理创建新思路、新方法、新模式。

3. 网状生态绿廊

主要的交通干道两侧均设宽达30～50 m的绿化带，在与滨河绿地交会处则放大绿化空间，使滨河水景能通过侧向廊道引入地块纵深；核心区面积比较大的区域通过60 m景观大道控制总宽达100 m的绿化走廊，形成地块纵深的特色亚生态系统，与滨河绿廊和防护林带一起构成网络状绿色生态走廊。以上系统叠加，形成多层次、疏密有致的绿地生态体系。

4. 绿色交通体系建设项目

为了进一步完善浐灞生态区城市服务功能，切实满足生态区城市公共交通需求，促进区域城镇化进程，根据浐灞生态区总体规划及区域发展情况，西安世园旅游汽车有限公司拟建设实施浐灞旅游2号线、3号线区域公共交通项目。本项目工程总投资为3.5亿元。

浐灞旅游2号线主要建设内容为：①在港务大道南段，临新筑收费站建设约13.19亩的世园旅汽公交基地（设置相关管理职能办公室以及职工休息室、食堂、维修保养工间、洗车间等服务用房），停车场3 000 m²；配套建设充电、给排水等公共工程。②购置性能先进的纯电动公交车 15 辆，配备自动刷卡系统、投币机、电子报站器和车载监控等现代化的公交服务设施。③在设定的公交站点建设港湾式停靠站，配套站台、候车亭等设施。

浐灞旅游 3 号线主要建设内容为：①在欧亚大道跨三环桥下建设约 12.5 亩的公交站场（设置相关管理职能办公室以及职工休息室、食堂、维修保养工间、洗车间等服务用房），停车场 7 500 m²；配套建设充电、给排水等公共工程。②购置性能先进的插电式公交车 21 辆，配备自动刷卡系统、投币机、电子报站器和车载监控等现代化的公交服务设施。③设定的公交站点建设港湾式停靠站，配套站台、候车亭等设施。

本项目工程总投资为 3.5 亿元，其中车辆购置费用为 1 520 万元。项目运营后，将初步形成东、西、南、北横竖贯通、四通八达的区域公共交通网络，预计年客运量约 130 万人次，年可实现运营收入约 270 万元。

（四）生态文明制度建设

西安浐灞生态区在城镇化建设中的绿色化问题不能孤立地、局部地运用和依靠某种单一的手段或方法来解决，全面地综合运用各种方式，多层次地综合约束和控制才是使得浐灞十年改观的重要保障。

一是建立用以约束土地利用、资源利用以及生态环境等的规章和制度。城镇化发展的节点在于城市发展的结构、布局及质量等重要因素是否对生存环境产生重要的影响。因此，浐灞生态区在城镇化发展的规划节点上建立了用以约束土地利用、资源利用以及生态环境等的规章和制度，开展对环境影响的评价和预估，保障发展节点的科学、权威和稳定。在基础设施建设工作及规划上做好必要性和可行性分析，减少基础设施建设对当地原有生态环境的破坏，加大保护城市自然要素的成本，减少基础设施建设活动引起的噪声、大气、水及固体废物污染，改善城市空气质量，降低生产生活各领域能源资源消耗，减少污染排放，发展循环经济，提高城市生存环境的绿色化水平。

二是建立相应制度，形成多种生存环境保护力量。在经济领域，建立相应制度，尊重市场规律，充分利用好市场机制，实行资源能源使用付费制，同时提倡节约、鼓励创新，生成生存环境经济性保护力量。在社会领域，建立相应制度，做到注重社会基本公共服务均等化，促进全社会正义公平，缩小社会贫富差距，完善公民环境权益保障机制，着力促进公民参与环境保护、自觉节约资源，生成生存环境社会性保护力量。在政治领域，建立相应制度，做到保障城镇化建设绿色化决策议程合法合规，各种环境保护力量得到充分重视，严格环境监管工作，实行环境信息公开，推行环境影响评价和环境问责，确保政府作用的发挥。在文化领域，建立相应制度，做到既能加强宣传教育，又能树立起尊重自然、顺应自然、保护自然的生态文明理念，并能将尊重自然、顺应自然、保护自然的生态文明理念全面融入城镇化建设，倡导和激励绿色生产、绿色生活和绿色消费，生成生存环境文化性保护力量。

三是强化绿色制度的有效性和执行度。浐灞生态区的绿色发展必须充分遵循客观规律，特别要尊重和关注生态环境演化、社会系统演化以及生态环境与社会系统相互作用等规律，如果制度违背了这些规律就是不科学的制度，更是难以落实执行的制度。有制度不执行等于零，执行制度与建立制度需要并重，执行制度在保障制度实施方面起着更为直接和重要的作用。

在转变和增强政府职能提高生态绿色环境管理水平方面，浐灞生态区管委会主导作用非常关键。其一，浐灞生态区依靠行政手段实行严格的土地问责制和生态绿色环保目标责任制，把耕地和生态绿色环境保护工作全部纳入相应政府的议事日程，依照社会经济和生态绿色经济规律办事；其二，浐灞生态区运用税收、补贴、排污权交易等绿色经济手段进行调节，建立良性绿色经济运行机制，推行有利于城市发展和生态环境保护的绿色经济政策；其三，浐灞生态区建立了适应小城镇特点和环保工作实际需要的法律法规，建立健全奖惩制度，在对保护城市环境的企业、单位和个人进行奖励的同时，对污染和破坏环境的行为加大惩戒力度。

第二节　国内城市群绿色城镇化进程现状

随着城镇化进程不断加快，中国通过发展城市群推动区域协同发展，深化城市优势互补，共享自然、人文和社会资源，已经成为趋势。"十三五"规划纲要中明确将加快城市群建设发展列为优化城镇化布局和形态的重要着力点。根据"十三五"规划纲要，中国内地城市群数量或将达到20个。截至目前，中国已形成京津冀城市群、长三角城市群、珠三角城市群、中原城市群、长江中游城市群、哈长城市群、成渝城市群、辽中南城市群、山东半岛城市群、海峡西岸城市群、关中城市群共11个国家级城市群。通过城市群的发展目标、开发方向、空间结构，以及城市群内各城市的功能定位和分工、生态环境治理、协同发展体制机制等建设，增加我国城市群数量，增大城市群覆盖范围，推进我国不同区域的经济发展，减小区域间现存的经济差异。在五大发展理念中，"协调发展"的首要要求就是"推动区域协调发展"，而建设城市群正是区域协调的重要内容。未来绿色城镇化建设将更加注重城镇化的品质与质量，更加注重人与自然的有机统一，而不以简单的GDP或人口为定量标准。

一、京津冀城市群

京津冀地区包括北京市、天津市和河北省，陆地面积21.76万km^2，海域面积1万km^2。全区常住人口1.07亿人，约占全国总人口的8%；GDP 5.7万亿元，约占全国经济总量的11%。京津冀地区是我国继长三角、珠三角之后的第三大城市群，是北方占地最大和区域开发程度最高的经济核心区，也是面向全球的国家门户，我国最重要的政治、文化中心，亚太地区综合实力强、发展最具潜力的区域之一。

（一）现状

1. 积极推进棚户区整改

近年来，北京已经做出了很多举措助推绿色城镇化进程，如北京推动了城乡接合部的 50 个重点村改造，以及与城区棚户区改造同步进行的农村环境综合整治工作，中心城区陆续停产搬迁首钢、北京焦化厂、北京化二等传统工业企业，工业和仓储用地占中心城区城镇建设用地的比例从 2003 年的 16.2% 降至 2014 年的不足 10%，且中心城区已明确不再供应上市工业和仓储用地。2016 年，天津棚户区改造已经纳入各区县重点工作，目前正在加紧进行，9 月底前完成 5 万户棚户区改造任务。河北省实施三年行动计划，改造包括城市危房、城中村在内的各类棚户区1 800 万套，农村危房 1 060 万户，同步规划和建设公共交通、水气热、通信等配套设施。这些都为京津冀地区绿色城镇化的稳步推进奠定了坚实的基础。

2."两屏四带两网"为京津冀提供绿色生态屏障

自 2014 年起，河北省加快构筑以"两屏四带两网"为骨干框架的绿色生态屏障，为京津冀地区绿色协调发展提供生态支撑，到 2017 年完成重点工程造林 800 万亩。"两屏四带两网"是指燕山、太行山生态屏障；沿边、沿坝防风固沙林带，环京津生态林带，沿海花海绿廊防护林带；坝上农牧防护林网、平原农田防护林网。通过"两屏四带两网"绿色生态屏障建设，2017 年，河北省已在坝上风沙区、燕山太行山水源区、京津冀城市间生态过渡带、沿海经济隆起带等重点地区建成具备防风固沙、涵养水源、保持水土、减灾防灾、美化环境等功能的绿色生态屏障。

3.推进廊道绿化建设，拓展京津冀绿化空间

高标准抓好高速铁路和京秦、大广、京昆、青银、沿海等高速公路及省级以上普通干线公路、主要河流沿线的绿化，营建点线面结合、层次多样的风景带和经济带。铁路廊道建设重点做好与铁路部门铁路界内绿化结合，不在铁路两侧种植高大乔木，确保铁路运输安全。结合农村公路"田路分家"，平原地区推行"一路两沟四行树"模式，山区因地制宜，新建公路一步到位，加快农村公路两侧绿化美化。推进城镇绿道绿廊建设，对京津冀已建成的绿道绿廊完善提升，加快建设连接居民区、各功能区、风景名胜区、水系和各县城的绿道绿廊网络。

4. 绿色产业推动绿色城镇化的必要性

天津市抓住城镇化建设快速发展的机遇，以产业为支撑，全面发展绿色建筑，着力实施规模化绿色建筑，加快生态城区建设，不断增强城市活力，提高建筑品质，改善城市环境，走出了一条绿色生态的城镇化建设之路，使绿色建筑成为天津城市建设的新亮点。

北京市绿色城镇化排名在 2015 年公布的数据报告中已居我国首位，这表明北京在我国的绿色城镇化体系中处于高水平的位置。然而，北京的绿色城镇化环境指标排名却已被挤出前三，位列第四；而在经济指标和社会指标中，北京市均居全国第一位，由此可以分析出，北京市的绿色城镇化在经济发展和社会发展方面取得了很好的成绩，有领先的优势，而环境方面却"拖后腿"了，这说明了北京市绿色城镇化发展需要绿色产业推动的必要性，见表 2-3。

表 2-3　京津冀城市群绿色发展一览

	北京	天津	河北
绿色经济	2015 年，北京市能源消费量为 6 850.7 万 t，同比增长 0.3%；万元 GDP 能耗 0.337 4 t，下降 6.17%；全市用电总量为 952.7 亿 kW·h，同比增长 1.7%；万元 GDP 电耗 469.2 kW·h，下降 4.87%	2015 年，天津市万元 GDP 能耗下降 7.2%；"十二五"期间，天津市万元 GDP 能耗累计下降 24.3%，达到 0.499 t，能源强度仅为全国平均水平的 79.2%	2014 年河北省万元 GDP 能耗比上年下降 7.19%，能耗降幅居全国第二位
资源利用	北京万元 GDP 水耗直线下降，最近 10 年年均下降 8.03%，已从 2005 年的 49.5 t/万元下降至 2014 年的 17.58 t/万元	2015 年天津市万元 GDP 用水量降低至 20 m³，不到全国万元 GDP 用水量的 1/6；万元工业增加值取水量降至 9 m³，不到全国万元工业增加值用水量的 1/8；农业灌溉用水有效利用系数提高到 0.67	"十二五"的前 4 年（2011—2014 年），河北省单位 GDP 二氧化碳排放累计下降 21%
环境质量	2015 年，京津冀地区 13 个地级以上城市达标天数比例在 32.9% ～ 82.3%，平均为 52.4%，比 2014 年上升 9.6 个百分点，轻度污染、中度污染、重度污染和严重污染天数比例分别为 27.1%、10.5%、6.8% 和 3.2%		

	北京	天津	河北
生态空间	根据"十三五"规划，到 2020 年，京津冀地区森林面积将达到 1.14 亿亩，森林覆盖率达到 35% 以上，湿地面积不低于 1890 万亩，防沙治沙面积达到 1 600 万亩		
绿色社会	2014 年北京市人均公共绿地面积 15.9 m², 比 2013 年增加 0.2 m²	天津已开工建设了 8 个绿色生态城区，每个片区占地均在 10 km² 以上，且明确要求新建建筑全部达到绿色建筑标准	2015 年，河北省人均公园绿地面积将达 15.1 m²
绿色制度	2015 年 12 月，国家发展改革委、环境保护部发布《京津冀协同发展生态环境保护规划》，明确划定京津冀地区生态保护红线，到 2017 年，京津冀地区 PM$_{2.5}$ 年均浓度应控制在 73 μg/ m³ 左右；到 2020 年，京津冀地区 PM$_{2.5}$ 年均浓度控制在 64 μg/ m³ 左右。到 2020 年，京津冀地区地级及以上城市集中式饮用水水源水质全部达到或优于Ⅲ类，重要江河湖泊水功能区达标率达到 73%		

（二）问题

1. 生态环境与人民群众的需求存在差距

区内大气和水环境污染严重，城市固体废物处理能力严重不足，水土流失、土地沙化、沙尘暴与生态退化并存。

2. 产业转型升级滞后，重化工倾向严重

京津冀地区作为我国北方重要的经济核心区，在高新技术产业和装备制造业方面有快速发展，但钢铁、建材、石化等原材料产业部门低水平重复建设且发展更快，已经突破大气、水和土壤的自净能力上限。

二、长三角城市群

整体规划，微观改进的绿色发展策略。长三角城市群位于长江入海之前的冲积平原，是中国第一大经济区，长三角区域在国家绿色城镇化布局中具有重要地位。当前，长三角区域地区生产总值总量已接近 10 万亿元，城市数量达到 41 个，因此其城市框架需要从整体上规划，然后在微观上做绿色改进，如此才能走向真正的绿色化。比如城市绿色出行，若以公共交通的枢纽为节点，建设功能混合一体的社区，就可能真正实现城市绿色出行。

发展水平国内领先，各地均有实践。目前，长三角城市群绿色城镇化建设处于国内领先水平，上海、江苏、浙江、安徽等地都有绿色城镇化的实践案例。在"中国绿色城镇化指标排名"中，上海居第二位；江苏城镇化率已达到65.2%，率先在全国实现城乡规划全覆盖；浙江已布局两批78个省级特色小镇创建对象和52个培育对象；安徽省政府办公厅新发布了《关于推进城乡建设绿色发展的意见》，强调推进绿色城镇化健康发展。

（一）生态文明建设助推城镇化绿色发展

2015年，中共中央、国务院印发《关于加快推进生态文明建设的意见》。该意见强调，要大力推进绿色城镇化，强化城镇化过程中的节能理念，大力发展绿色建筑和低碳、便捷的交通体系。绿色城镇化已然成为加快生态文明建设的重头戏。

安徽加快推进生态强省建设，实现生态效益、经济效益和民生效益提升。巢湖流域、黄山市被列为国家第一批生态文明先行示范区，新安江流域综合治理和生态补偿机制试点成为全国首个跨省流域生态补偿机制试点。全省万元GDP能耗累计下降21%以上，超额完成国家下达计划目标。江苏有效实施了生态红线的区域保护规划，建立了绿色发展第三方的评估机制，绿色发展综合指数逐年提高。在新城区和重点地段、建筑节能和绿色建筑示范区积极推行市政管廊建设。近年来，苏州、无锡、南京、泰州等城市累计建成各类综合管廊40 km。

（二）新型城镇化试点在长三角地区广泛展开

2014年安徽被列为国家新型城镇化试点省。原巢湖市行政区划调整，大幅提升合肥、芜湖、马鞍山等中心城市的集聚发展能力。其中，合肥市加快推进"大湖名城、创新高地"建设，经济总量占全省比重由21.9%

上升至 25% 左右。皖江城市带、合肥经济圈和皖北城镇群的城镇化战略格局初步形成。2014 年年底，江苏被列为国家新型城镇化综合试点省份，根据南京财经大学城市发展研究院发布的"中国城市绿色城镇化指数"，江苏省无锡市和昆山市分别进入地级市和县级市排行前 20 强。考虑到农村土地制度改革试点与国家新型城镇化综合试点联系紧密，浙江省德清县一并被确定为第二批国家新型城镇化综合试点地区。至此，浙江省共有宁波市、嘉兴市、台州市、义乌市、德清县、龙港镇 6 个国家新型城镇化综合试点。

（三）注重发展绿色产业

以上海市陈家镇为例，其凭借上乘的空气质量和土地资源优势，打造生态绿廊，维护生物多样性，陈家镇东滩建设在生态技术方面投资了 1 400 万元，用于生态保护、生态修复和生态水平的提高。科教研发产业方面，陈家镇规划了高教园区和软件园区。此外，陈家镇还引进了上海智慧岛数据产业园，还大力发展会议商务产业，将建设具有国际知名度的会议中心，未来能满足如瑞士达沃斯和中国博鳌亚洲论坛等国际会议和商务服务的需求。

（四）"多规合一"助推绿色城镇化发展

长三角部分地区开展"多规合一"试点，主要是为了解决县内规划的突出问题，保障县内规划有效实施；强化政府空间管控能力，实现国土空间集约、高效、可持续利用；改革政府规划管理体制，建立统一衔接、功能互补、相互协调的空间规划体系；加快转变经济发展方式和优化空间开发模式。此种发展模式不仅治愈了很多地方自成体系、内容冲突、缺乏衔接协调的规划通病，还甩掉了多年的"欠发达"帽子，实现了绿、富、美，见表 2-4。

表 2-4　长三角部分城市群绿色发展一览

	安徽	江苏	浙江
绿色经济	2014 年，安徽省地方财政环境保护支出为 104.76 亿元，占地方财政一般预算支出的 2.25%	"十一五"期间，江苏省单位 GDP 能耗累计下降 20.45%；战略性新兴产业销售收入超过 2.6 万亿元，占规模以上工业的 24.4%；高新技术产业产值超过 3.8 万亿元，占规模以上工业的 35.3%	根据国家统计局的数据，2014 年浙江省地方财政环境保护支出 120.65 亿元，占地方财政税收收入的 3.13%
资源利用	安徽省万元 GDP 能耗累计下降 21% 以上，超额完成国家下达的计划目标	江苏省 54 个绿色生态城区开展了 160 多项基于绿色生态理念的系列专项规划的编制，涉及城市空间复合利用、建筑能源利用、城市水资源综合利用、城市固体废物综合利用等内容	2015 年，浙江万元 GDP 能耗为 0.5 tce，同比下降 6.1%，超额完成下降 3.4% 以上的目标任务；"十二五"前 4 年累计下降约为 17.7%，完成"十二五"目标进度的 98.8%，提前接近一年完成国家下达的浙江省的节能目标任务
环境质量	2015 年，安徽省平均达标天数比例为 76.7%；全省地表水总体水质状况为轻度污染，集中式饮用水水源地水质达标率为 97.1%；各地级市功能区声环境平均等效声级达标率为 77.3%	关闭小化工生产企业 5 000 多家，化学需氧量和二氧化硫排放总量累计削减 18.5% 和 23.5%	浙江省生态环境质量总体为优。2015 年，全省单位 GDP 能耗降低 3.5%；全省水质达到或优于Ⅲ类水标准的省控断面占 72.9%；县级以上城市日空气质量达标天数比例为 85%，$PM_{2.5}$ 平均浓度为 43 μg/m³；设区城市达标天数比例为 78.2%，$PM_{2.5}$ 平均浓度为 47 μg/m³；辐射环境总体质量良好
生态空间	2014 年，安徽省森林覆盖率达 27.5%，人工林面积 225.07 万 hm²，森林面积 380.42 万 hm²，林业用地面积 443.18 万 hm²	2014 年，江苏省森林覆盖率达 15.8%，人工林面积 156.82 万 hm²，森林面积 162.1 万 hm²，林业用地面积 178.7 万 hm²	2014 年，浙江省森林覆盖率达 59.1%，人工林面积 258.53 万 hm²，森林面积 601.36 万 hm²，林业用地面积 660.74 万 hm²
绿色社会	"十二五"期间，安徽省新建绿色建筑 1 000 万 m² 以上，创建 100 个绿色建筑示范项目和 10 个绿色生态示范城区；截至 2015 年年末，全省 20% 的城镇新建建筑按绿色建筑标准设计建造	江苏共创建 54 个绿色生态城省级示范区，示范区内新增绿色建筑面积近 1 亿 m²。节能建筑总量超过 12.6 亿 m²；可再生能源建筑应用面积超过 2.9 亿 m²；绿色建筑标识项目达 567 个	2015 年年底，浙江省已完成 2.6 万个村的环境整治，村庄整治率达 89%。全省 70% 的县（市、区）达到美丽乡村建设工作要求，60% 以上的乡镇开展整乡整镇美丽乡村建设
绿色制度	新安江流域综合治理和生态补偿机制试点成为全国首个跨省流域生态补偿机制试点	实施生态红线的区域保护规划，建立绿色发展第三方的评估机制	浙江省于 21 世纪初开始探索生态补偿制度，并于 2005 年在全国率先出台了省级层面的生态补偿办法，成为我国生态补偿制度建设的"先行者"

三、珠三角城市群

绿色城镇化整体发展进程靠前。自 1978 年改革开放以来，珠三角地区以其优越的地理位置，吸引了大量的外资企业，特别是港、澳、台的外资投入，其绿色城镇化水平和地区经济快速发展。根据对全国 19 个城市群的评估结果，珠三角城市群在生态宜居建设成效方面排名第一，行为强度排名第二。其中，75% 城市已步入行为强度高、建设成效好的提升型城市，城市间差异较小，表明珠三角城市群在建设绿色城镇化和生态宜居型城市方面正走在全国的前列。

（一）现状

1. 低碳生态建设成效较好，领先于建设力度

广东省累计建成绿道逾 1.2 万 km，新建社区体育公园逾 300 个，全省新增绿色建筑 6 112 万 m^2，实现绿色建筑各地级市全覆盖。在环境质量、生活水平、能源利用方面表现突出，居民幸福感评价高，在控制污染排放、制定低碳发展规划、发展低碳产业及提高能源效率方面具有突出表现。相比于其他城市群，珠三角目前各城市生态赤字和生态盈余共存，人均生态足迹约为人均生态承载力的 4.2 倍。珠三角城市在低碳城市建设方面已取得良好成效，为城市群及城市本身的转型发展提供了一个具有说服力的样本，助力中国新型城镇化的绿色转型发展。

2. "五大转变"实现绿色城镇化

珠三角地区全面贯彻"五大转变"的理念推进绿色城镇化进程，即推动城镇建设理念从粗放增长转变到生态宜居、推动城乡关系从城市优先发展转变到城乡互补协调发展、推动城镇建设模式从高碳高冲击转变到低碳低冲击、推动城镇风貌从千城一面转变到魅力特色、推动城镇管理从经济为纲转变到公平保障。以珠海为例，其按照"五大转变"和国际宜居城市的发展要求，从构建可持续发展空间格局、塑造望山见水美丽珠海、建设优美和谐幸福村居、建设生态友好海绵城市、打造高效便捷绿色交通、创新体制机制改革六个方面发力，打造成为参与"一带一路"

建设的珠江门户、促进粤港澳深度合作的特区城市、展示生态文明的国际宜居城市标杆。

3. 着力构建"一城双核两副"的城镇空间格局

依据珠三角城市群独特的地理位置和环境条件，构建"一城双核两副"的城镇空间格局有利于推动城市功能分工合理布局，增强资源要素集聚的优势，发挥带头示范作用，强化服务功能，扩大辐射范围，带动周边镇区持续健康发展。以中山市为例，其以南部山林生态基质、北部河涌和田园水乡生态基质、东部珠江口区域生态廊道、西部磨刀门区域生态廊道为生态限制，以城镇发展集聚能力和空间布局为基础，推进城市空间优化布局，对外紧密融入深中通道横向带动轴和珠江口湾区发展轴，对内紧密围绕石岐河完善和优化内部空间、设施，构建"一城双核两副"的绿色城镇空间格局。

（二）趋势

1. 珠三角城镇自主创新发展的总体思路

首先，坚持全面创新和生态经济发展理念，着力转变珠三角城镇发展模式，全面提升珠三角的核心竞争力和综合实力。其次，坚持经济科技融合，提高科技进步对经济增长的贡献率。再次，坚持以产业创新为主导，着力强化企业主体地位的原则。最后，坚持区域互动，着力集聚创新资源的原则，在更大层面上集聚创新资源。

2. 加快推进珠三角城镇发展方式转变

在创新发展理念中，首先，让创新成为促进发展的原动力，推动现有产业向中高端发展。其次，让资源节约型和环境友好型成为发展模式的新亮点，建设充满活力的可持续发展生态区域。再次，让协调成为经济发展的新特征，使经济结构优化升级，完善创新激励保护机制。最后，完善政府服务管理体制，为珠三角城镇的自主创新发展模式营造良好的公共服务环境。

3. 着力提升产业创新能力

在优化、升级传统优势产业，转移劣势产业方面，珠三角区域应坚持经济全球化视角，不断提高自主创新能力，积极采用高效、先进、现代管理技术改造提升。加快转移劣势产业，将占用资源较多、与地区产业发展不相适应、不具后续发展潜力的产业转移，为发展具有更高附加价值的产业和本地区优势产业创造条件。促进农业产业转型和结构优化升级，推动现代农业发展水平整体提升。

（三）问题

1.区域发展不协调

尽管珠三角是一个经济高速发展的地区，但是不可避免地出现了区域发展不平衡、贫富差距现象严重等问题。首先，绿色城镇化的快速发展必然要求相应的新型城镇管理体制，使用原有的乡镇管理模式没有创新，机制缺乏、服务不到位等问题限制了绿色城镇化的发展。其次，在扩展过程中，农村向城镇的转变比较粗糙，农民的切身利益没有得到保障。最后，珠三角地区居住着大量的外来人口，在一定程度上构成了社会的不稳定因素。

2.产业布局不合理制约生态发展

以珠江口为中心，以港澳为辐射源，珠三角的产业总体分布呈现出：珠江口各市比较发达，远离珠江口地区产业发展缓慢。由于规划不统一、区域选择不合理、产业分布不均衡等一系列的空间布局问题，造成了产业缺乏经济集聚效益；同时产业结构趋同带来了资源浪费和恶性竞争，以及区域产业特色不突出和区域竞争力提升缓慢的弊端。另外，工业产业作为推动经济增长的主动力，却呈现出高消耗、低效率发展状态，在规模以上工业增加值中，高科技产品产值占工业总产值的比重只有 26.96%。

3.资源过度消耗阻碍城镇的发展

珠三角城镇化的进程中存在没有重视资源、以资源的浪费为代价换取经济发展的现象，这与全世界经济发展过程中出现的环境问题类似。珠三角地区雄厚的经济实力，吸引的大量外企，直接促进了当地土地资源的大量开发，但是由于该地区过去一味地注重对眼前局部利益的追求，而忽略了对土地的合理利用，导致了该地区高速度、大密度、多竞争但土地资源浪费多的城镇建设格局，见表 2-5。

表 2-5　珠三角城市群绿色发展一览

	珠三角城市群
绿色经济	2015 年广东省节能环保产业总产值达 6 000 亿元，培育了一批节能环保骨干企业，年产值超 50 亿元的企业达 10 家，超 10 亿元的企业达 50 家；珠海人均绿色 GDP 为 30 443 元，居珠三角首位
资源利用	2011—2013 年，广东单位 GDP 能耗累计下降 13.10%，在此基础上，2014 年广东单位 GDP 能耗继续下降 3.56%，"十二五"前 4 年累计下降幅度达到 16.19%，与"十二五"期间广东单位 GDP 能耗下降 18% 的总目标只相差约 2 个百分点，而深圳万元地区生产总值能耗为 0.472 tce/ 万元，为广东省最低。据广东水资源公报，在过去的 19 年间，广东万元 GDP 用水量大幅下降 85.3%，万元工业增加值用水量大幅下降 92.4%，广东省用水效率明显提高
环境质量	2015 年，珠三角城市空气质量指数（AQI）达标率平均为 76.3%，高出全国 74 个重点城市 15.8 个百分点；主要江河水质总体稳定，其中 8.9% 的断面水质为劣 V 类重度污染水质；城市降水中酸雨频率为 35.0%，较 2014 年下降了 2.2%
生态空间	广东已建立各类自然保护区 270 个、森林公园 1 086 个，截至 2017 年，广东省森林公园达 1 493 个，增幅约四成；珠三角地级市力争到 2020 年全部达到国家森林城市的标准，届时珠三角将建成全国首个国家森林城市群
绿色社会	2015 年，珠三角人均公共绿地面积达到 16 m²、绿化覆盖率达 42%；森林覆盖率达 51.50%、森林蓄积量达 13 967.41 万 m³、森林碳储量达 36 785.58 万 t；深圳市公园总数达 889 个，生态景观林带长 475 km、面积 125 420 亩，生态公益林面积 45 080.9 hm²，绿道里程 2 400 km，人均公园绿地面积 16.8 m²，森林覆盖率为 41.5%，建成区绿化覆盖率为 45.08%
绿色制度	2013 年，广东省成为国内首个启动碳排放权交易的试点省份；中山市发出《关于进一步完善生态补偿机制工作的实施意见》，成为广东省首个制定纵横结合、统筹型生态补偿政策的地级市，即补偿资金由同级地方政府间转移支付，由上级政府统筹后转移；珠海首设地方生态保护补偿专项资金；自 2002 年起，珠海在全国率先实施环保实绩考核制度，自 2013 年起升级为生态文明建设考核；2014 年 3 月 1 日，《珠海经济特区生态文明建设促进条例》开始施行，这是党的十八大后我国生态文明建设领域的首部地方性法规，也是广东首部生态文明法规；2015 年 3 月，珠海首次发布"生态环境指数"，开全国先河

四、中原城市群

多措并举探索绿色城镇化发展。近年来，河南省实施碧水蓝天计划和城市河流清洁行动计划，开展海绵城市试点、低碳城市和生态文明城市建设，建设综合城市管廊项目及城镇污水垃圾处理项目等，为推进城镇化绿色发展积极探索。

（一）现状

1. 统筹推进海绵城市建设

2016 年，河南省人民政府办公厅印发了《关于推进海绵城市建设的实施意见》，要求全省按照"系统治理、源头减排、过程控制、统筹建设"的原则，通过加强城市规划、引导控制和海绵城市建设，全面统筹推进海绵城市建设与改造，强化对城市雨水径流的排放控制与管理，修复城市水生态环境，充分发挥山、水、林、田、湖等自然地貌对降雨的积存、渗透和自然净化作用，努力实现城市水体自然循环，增强城市防洪、排涝、减灾等综合能力，保障城市运行安全。

2. 水生态文明建设成果颇丰

河南大力推进中原城市群的水生态文明建设，5 个国家级试点投入900 多亿元。截至 2015 年，河南省共有郑州、洛阳、许昌、南阳、焦作5 个国家级和安阳、鹤壁、新乡、驻马店和固始、汝州、兰考、禹州、鄢陵、邓州 10 个省级水生态文明城市建设试点获得审批。各试点城市积极实施水系连通工程、水生态修复工程、城区河流清淤工程、雨污分流工程、水污染处理工程、水源地保护等建设。许昌市原本水资源短缺，城市水系不畅，污水横流。如今，实施了水生态文明建设后，"河畅、水清、岸绿、景美"的愿景已变为现实。

3. "蓝天、碧水、乡村清洁"三大环境工程行动计划稳步实施

早在 2013 年，河南省制定"蓝天、碧水、乡村清洁"三大环境工程行动计划，以解决群众最关心、最迫切的突出环境问题，推进城镇化的绿色发展。河南省"蓝天工程"初步计划在 2018 年之前使 $PM_{2.5}$ 浓度降

低 15% 以上，严格控制工业大气污染、城市燃煤和油烟等面源污染、城市扬尘污染和机动车尾气污染。"碧水工程"主要着力于改善全省重点流域水环境质量和保障群众饮用水安全，通过优先饮用水水源地保护，强化重点河流保护，加强地下水保护，逐步恢复河流生态功能。"乡村清洁工程"主要着力于改善农村生产生活环境，以"清洁家园、清洁水源、清洁田园"为重点，深化农村环境综合整治，加强畜禽养殖污染防治，重点做好土壤污染防治，打造生态宜居乡村，见表 2-6。

表 2-6　中原城市群绿色发展一览

中原城市群	
绿色经济	2014 年，河南省万元地区生产总值能耗降低 4.06%；万元工业增加值能耗降低 11.29%；万元地区生产总值电耗降低 7.53%
资源利用	2014 年，河南省吨粮用水量为 153 m^3，万元 GDP 用水量为 65 m^3，万元工业增加值用水量为 39 m^3；与 10 年前相比，吨粮用水量下降了 27%，万元 GDP 用水量下降了 71%，万元工业增加值用水量下降了 70%。与全国相比，主要用水指标均处于中上水平
环境质量	2015 年，河南省 18 个省辖市城市环境空气优、良天数比例为 50.2%（平均 183 天），与 2014 年持平；全省省辖市地表水责任目标断面水质达标率为 77.1%，同比上升 6.4 个百分点；省直管县（市）地表水责任目标断面水质累计达标率为 93%，同比上升 5.1 个百分点，达标率均在 80% 以上
生态空间	2014 年，河南省森林面积 359 万 hm^2，公园面积 1.2 万 hm^2，城市绿地 8.57 万 hm^2，国家自然保护区面积 43.7 万 hm^2
绿色社会	目前中原城市群 2014 年建成区绿地率达 36.5%，绿化覆盖率达 42%，人均公园绿地面积 11.5 m^2，森林覆盖率达 34%；其中郑州被列为建设全国水生态文明试点城市，都市区生态水系规划建设水平得到提高，形成"一环、三源、六区、十八点"的生态水系总体格局
绿色制度	许昌从 9 个方面把最严格的水资源管理制度落实为细致的实施意见和考核办法，在"三条红线"控制指标和监督考核下，许昌万元 GDP 用水量比 10 年前下降了 83%，万元工业增加值用水量下降了 85%

（二）趋势

从"创新、协调、开放、共享"四大发展理念的角度来看，中原城市群的绿色城镇化发展具有以下几个新的趋势。

1. 注重中原城市群的主体形态

河南省委、省政府提出的"核心带动、轴带发展、节点提升、对接周边"的布局观念，就是要以发展中原城市群优化和布局全省城镇化的空间格局，就是要合理安排城市的生产、生活和生态"三生"空间，进一步明确各个城市在"一带一路"战略中的功能定位。

2. 注重城镇化的协调性

注重城镇化的协调性主要包括注重大中小城市和城镇绿色发展的协调性、城镇和新农村发展的协调性、新老城区发展的协调性、城市内部不同收入群体发展的协调性、城市开发强度与城市发展承载能力的协调性等。

3. 注重城镇化的包容性和人文关怀

绿色城镇化的核心是人的城镇化，在城镇规划设计和建设管理的各个环节都要体现民众的诉求和愿望，在规划设计上坚持以人为本，在政策制定上体现包容性，使农村转移人口不仅能够获得物质上的满足，还能融入当地生活，增强其幸福感。

4. 注重绿色城镇化的智慧化和管理的精细化

当前，信息化和绿色城镇化的融合发展已成为趋势，要不断加强信息基础设施建设，推进智慧城市和信息惠民工程建设，利用云计算、大数据、物联网等信息技术，提升城市治理和服务的现代化水平。

五、长江中游城市群

长江中游城市群是以武汉城市圈、环长株潭城市群、环鄱阳湖城市群为主体形成的特大型城市群，国土面积约 31.7 万 km^2，承东启西、连南接北，是长江经济带三大跨区域城市群支撑之一，也是实施促进中部地区崛起战略、全方位深化改革开放和推进新型城镇化的重点区域，在我国区域发展格局中占据重要地位。

（一）现状

1. 城乡统筹发展，强化重点轴线

国务院在 2015 年批复同意《长江中游城市群发展规划》。该规划立足长江中游城市群发展实际，积极融入国家重大发展战略，紧扣协同发展主线，突出重点合作领域，注重体制机制创新，坚持开放合作发展，明确了推进长江中游城市群发展的指导思想和基本原则，提出了打造中国经济发展新增长极、中西部新型城镇化先行区、内陆开放合作示范区、"两型"社会建设引领区的战略定位，以及到 2020 年和 2030 年两个阶段的发展目标。

城乡统筹发展，坚持走新型城镇化道路，强化武汉、长沙、南昌的中心城市地位，依托沿长江、沪昆和京广、京九、二广等重点轴线，形成多中心、网络化发展格局，促进省际毗邻城市合作发展，推动城乡发展一体化。此外，该规划还明确了共建生态文明，着眼推动生态文明建设和提升可持续发展能力，建立健全跨区域生态环境保护联动机制，共同构筑生态屏障，促进城市群绿色发展，形成人与自然和谐发展格局。

2. "两型"社会综合配套改革试验区得到大力推广

"十二五"期间，长株潭试验区范围内重点推广了十大先进适用、具有示范带动作用的清洁低碳技术，覆盖了城市、农村，涵盖了能源、交通、建筑、环保等多个方面，瞄准了湖南"两型"社会建设中的重点难点问题，包括新能源发电技术、"城市矿产"再利用技术、重金属污染治理技术、脱硫脱硝技术、工业锅（窑）炉节能技术、绿色建筑技术、餐厨废弃物资源化利用和无害化处理技术、生活垃圾污泥焚烧及水泥窑协同处置技术、长株潭城市公共客运行业清洁能源节能与新能源汽车、沼气化推动农村畜禽污染治理和资源化利用技术等，聚焦了群众最关注、最迫切的资源环境问题。

3. 绿色建筑成为新型城镇化考核的重要指标

在国家无绿色建筑立法的情况下，江西省积极探索绿色建筑地方性法规，并将绿色建筑作为新型城镇化和生态文明示范区考核的重要指标。目前，江西省建筑节能和绿色建筑标准体系进一步健全，执行 50% 的建筑节能标准。可再生能源建筑应用规模不断扩大，"十二五"期间江西省 21 个项目被列为全国太阳能光电建筑一体化示范项目，总装机容量达 30.7 MW，创建国家级可再生能源建筑应用示范市、县、镇共 11 个。目前江西省共有 11 个市（县、区）被列入国家智慧城市创建试点。新建建筑设计阶段执行节能强制性标准比例达 100%，施工阶段执行节能强制性标准比例达 98.5%，111 项工程取得绿色评价标识，建筑面积达到 1 408 万 m^2，见表 2-7。

（二）问题

长江中游城市群在绿色城镇化进程中存在的主要问题是粗放式的城镇化引发的较为严重的土壤污染和资源浪费。很多地方借城镇化之名，大搞土地规模扩张，用土壤非农化和城市扩大化来简单替代城镇化，单纯追求土地转化和城镇景观，造成农村基本农田的大面积污染和浪费。一些地区借机搞圈地活动，导致用地结构混乱，城镇建设思路不清晰。个别地方甚至出现污水灌溉、固体废物堆积引起土壤污染等问题。

六、哈长城市群

哈长城市群规划范围包括黑龙江省哈尔滨市、大庆市、齐齐哈尔市、绥化市、牡丹江市，吉林省长春市、吉林市、四平市、辽源市、松原市、延边朝鲜族自治州。哈长城市群发展目标是：到 2020 年，整体经济实力明显增强，功能完备、布局合理的城镇体系和城乡区域协调发展格局基本形成；到 2030 年，建成在东北区域具有核心竞争力和重要影响力的城市群。

（一）现状

1. 深度开发生态绿色资源

近年来，黑龙江省着眼于深度开发"第二战略资源"——生态绿色资源，打造建设园林城镇、生态城镇和旅游名镇，走出了一条"环境友好"优先的城镇化道路。截至目前，黑龙江省共完成造林 67.6 万 hm^2，城市建成区绿化覆盖率达到 33.62%，绿地率达到 29.34%，人均公园绿地面积达到 10.47 m^2。与 2007 年相比，2011 年全省城市建成区绿化覆盖率提高 9 个百分点，高于全国城市同期 4.5 个百分点，相当于多增城市绿地面积 3 000 hm^2。

表 2-7 长江中游城市群绿色发展一览

	湖北	湖南	江西
绿色经济	2014年，湖北省万元地区生产总值能耗降低5.24%；万元工业增加值能耗降低8.42%；万元地区生产总值电耗降低7.33%	2014年，湖南省万元地区生产总值能耗降低6.24%；万元工业增加值能耗降低11.90%；万元地区生产总值电耗降低8.44%	2014年，江西省万元地区生产总值能耗降低3.16%；万元工业增加值能耗降低9.92%；万元地区生产总值电耗降低1.97%
资源利用	截至2015年，湖北省单位GDP能耗下降22%，比全国水平领先3.8个百分点；此外，湖北省还增加淘汰锌冶炼1万t，铅蓄电池569.5万kVA	"十一五"期间，湖南超额20.4%完成国家下达的节能减排任务，每万元GDP消耗标准煤由2005年年底的1.47 t下降到2010年年底的1.17 t，5年共节约标准煤3 000多万t，减少二氧化碳排放量近9 000万t；"十二五"末期，湖南省单位GDP能耗再下降16%	"十一五"期间，江西省万元工业增加值能耗下降18.2%；2015年，全省规模以上工业万元增加值能耗为0.68 tce，较2010年下降33.8%，实现节能量2 051.9万tce，完成"十二五"节能量目标的205.2%；"十二五"期间江西省21个项目列为全国太阳能光电建筑一体化示范项目，总装机容量达30.7 MW
环境质量	2015年湖北省地表水环境质量总体良好，主要河流水质保持稳定，部分水体水质略有下降；全省未出现降水pH均值小于5.6的城市，同比有所好转	2016年上半年，湖南省14个城市平均优良天数比例为81.6%，与上年同期相比，14个城市环境空气质量平均优良天数比例上升9.8%；上半年地表水质总体为良。其中，I类水质断面1个，占0.9%；II类73个，占67.0%；III类22个，占20.2%；IV类10个，占9.2%；V类3个，占2.7%。主要污染指标为总磷、氨氮和化学需氧量	2015年，江西省地表水I～III类水质断面（点位）达标率81.0%；全省PM_{10}年均浓度68 μg/m³，11个设区市空气质量平均达标天数比例为90.1%

	湖北	湖南	江西
生态空间	2014年，湖北省林业用地面积849.85万hm²；公园个数329个，公园面积1.12万hm²；城市绿地面积7.55万hm²	2014年，湖南省林业用地面积1 252.78万hm²；公园个数247个，公园面积0.96万hm²；城市绿地面积5.73万hm²	2014年，江西省林业用地面积1 069.66万hm²；公园个数310个，公园面积0.86万hm²；城市绿地面积5.08万hm²
绿色社会	"十二五"期间，湖北省新建绿色建筑应用1 000万m²以上；2015年年末，面积达5 000万m²以上达到绿色建筑标准；湖北省城镇新建建筑20%以上达到绿色建筑标准；新建建筑节能标准设计阶段执行率达100%，施工阶段达98%以上；公共建筑单位面积能耗降低10%，其中大型公共建筑降低15%；县以上城镇新建居住建筑开始实施建筑节能低能耗建筑节能标准	2012年，湖南城镇生活垃圾清运量达到927.11万t，无害化处理量763.32万t，城镇生活垃圾无害化处理率提高到82.3%；2015年，湖南省新增污水处理能力92.75万t/d，建设污水管网2 922 km，新增污水处理提标改造能力54万t/d，新增污水再生利用能力24万t/d，新增污泥处置处理能力460 t/d；湖南省累计建成城市污水处理厂141座，污水处理能力585.5万t/d	目前江西省共有11个市（县、区）被列入国家智慧城市创建试点。新建建筑设计阶段执行节能标准比例达100%，施工阶段执行节能强制性标准比例达98.5%，111项工程取得绿色评价标识，建筑面积达到1 408万m²
绿色制度	湖北省环保厅要求全力推进企业自行监测及信息公开工作，确保等区企业自行监测信息发布率达80%以上；2016年，湖北省正式划定生态保护红线，全省生态保护红线分为"水源涵养生态保护红线、生物多样性维护生态保护红线、土壤保持生态保护红线、长江中游湖泊湿地洪水调蓄生态保护红线"4类生态保护红线类型，41个生态保护红区，总面积约为6.22万km²，约占全省国土总面积的33.4%	2016年7月，湖南省完成生态保护红线划定，共包括四个部分：重点生态功能区生态保护红线、生态敏感区生态保护红线、禁止开发区生态保护红线、其他特定区域生态保护红线；2015年，湖南省开始对领导干部的绿色政绩进行考核	江西省建筑节能和绿色建筑标准体系进一步健全，全省执行50%的建筑节能标准

2. 可复制、能推广的海绵城市试点

吉林省大力推进城市基础设施建设，开展城市综合管廊建设试点工程和海绵城市创建工作，并确定 2～3 个省级海绵城市试点，尽快形成可复制、能推广的模式，由外延扩张向质量提升转变。南溪湿地项目位于长春市南部新城核心区域，是长春市海绵城市申报试点区域，占地面积 310 hm²，把文化、生态和游憩有机结合，建设集文化旅游、休闲娱乐、生态保护、教育展示、防洪减灾于一体的综合性城市湿地公园，项目计划总投资 34.5 亿元。

3. 以市场化为途径的新农村建设新思路

近年来，绥化市、吉林市等地创新了以城镇化为重点、以市场化为主要途径的整乡镇推进的新农村建设新思路，进一步促进了当地农业现代化发展和经济绿色可持续发展。首先，为避免城市规模过大，难以防治环境污染，以县城为主体，控制规模打造中等城镇和小城镇。其次，严格控制项目引进，实现企业达标排放，从而留有绿水青山。最后，在小城镇建设和城市建设上都注意留有生态空间，利用一定面积的水田、森林增加绿色以及提高大自然的净化能力。当地小城镇建设和县城建设保留浓郁的自然风光和乡村特色，努力使城镇建设和田园、森林、生态融为一体，见表 2-8。

表 2-8　哈长城市群绿色发展一览

	黑龙江	吉林
绿色经济	2014 年，黑龙江省万元地区生产总值能耗降低 4.50%；万元工业增加值能耗降低 7.57%；万元地区生产总值电耗降低 3.71%	2014 年，吉林省万元地区生产总值能耗降低 7.05%；万元工业增加值能耗降低 7.80%；万元地区生产总值电耗降低 4.82%
资源利用	2014 年，黑龙江省单位 GDP 能耗预计同比下降 4% 以上	2015 年，吉林省用水总量控制在 134 亿 m³ 以内，农田灌溉水有效利用系数达到 0.556；2016 年，万元工业增加值用水量较 2015 年再降 23%，万元 GDP 用水量降低到 72 m³ 以下；2015 年，吉林省单位 GDP 能耗同比下降 1.3%，4 年累计下降 21.68%

	黑龙江	吉林
环境质量	2015 年，黑龙江省河流水质达标率为 65.6%，同比升高 11.3 个百分点；Ⅰ～Ⅲ类水质占 56.7%，同比升高 9.9%；劣 Ⅴ 类占 5.6%，同比降低 0.9%；黑龙江省平均空气优良比例为 89.7%，略好于 2014 年	2015 年，吉林省环境质量状况总体保持稳定：全省 20 个主要集中式饮用水水源地水质稳定达标，主要湖泊（水库）水质状况良好；吉林省 9 个市（州）政府所在地城市环境空气中主要污染物年均浓度除颗粒物外均达到国家环境空气质量二级标准
生态空间	2014 年，黑龙江省林业用地面积 2 207.40 万 hm^2；森林覆盖率为 43.2%；公园个数 331 个，公园面积 0.96 万 hm^2；城市绿地面积 7.63 万 hm^2	2014 年，吉林省林业用地面积 856.19 万 hm^2；公园个数 183 个，公园面积 0.62 万 hm^2；城市绿地面积 4.53 万 hm^2
绿色社会	黑龙江省共完成造林 1 014 万亩，城市建成区绿化覆盖率达到 33.62%，绿地率达到 29.34%，人均公园绿地面积达到 10.47 m^2	2014 年吉林省投入 3.6 亿元整治新农村和农村环境，清理垃圾 1 671 万 m^3，清理柴草垛 196 万个，清理各类沟渠和排水沟 42 512 条，清理水源地 3 725 个点
绿色制度	黑龙江省于 2016 年 7 月底前初步划定生态保护红线，生态保护红线区面积占黑龙江省国土面积的 40% 左右；目前，黑龙江省部分市级政府已建立以绿色 GDP 为主要内容的考核指标体系，进一步推动森林生态系统的修复与保护	2016 年，吉林省政府办公厅下发了《吉林省生态保护红线区管理办法（试行）》，县级以上政府是生态保护红线区行政管理责任主体，负责生态保护、恢复、建设和管理，指导和监督相关责任单位落实生态保护责任；各级环境保护行政主管部门对生态保护红线区实施统一监督管理，负责综合评估评价，会同相关部门组织开展绩效考核

（二）趋势

针对哈长城市群目前的现状，发展绿色城镇化必须以产业发展为支撑。近年来，国家提出了"振兴东北老工业基地"，坚持产镇融合的理念，深化细化新型城镇的产业布局规划，根据各镇比较优势，科学定位产业发展方向，合理规划产业分工和资源配置，着力培育有优势、有特色的主导产业，避免趋同发展和低水平竞争。同时要建立公平、规范、透明的市场准入标准，处理好市场监管与增强市场活力的关系，营造良好的企业发展环境。要制定更加灵活的政策，支持大中城市的工商企业到小城镇建立配套生产的加工基地，开展产业开发、商业连锁、物资配送、农副产品批发等经营活动，促进小城镇产业集聚，增强经济实力，提升小城镇自我发展能力。要研究支持城镇小微企业金融产品，为小微企业提供良好的金融服务。

七、成渝城市群

成渝城市群位于成渝地区，是西部大开发的重要平台，是长江经济带的战略支撑，也是国家推进新型城镇化的重要示范区。

（一）现状

1. 大都市连绵带推进绿色城镇化

2012 年，重庆市委、市政府出台《关于推进新型城镇化的若干意见》，着力构建以国家中心城市为龙头、区域性中心城市为支撑、区县城为纽带、小城镇为基础单元的大都市连绵带，推进城镇集群发展、协调发展、绿色发展和可持续发展，努力走一条新型绿色城镇化道路。

2. 绿色建筑得到广泛应用

2009 年，重庆被批准为全国可再生能源建筑应用示范城市，截至 2013 年上半年，全市正在组织实施的可再生能源建筑应用示范面积达 396 万 m^2，已形成对 250 余万 m^2 建筑可再生能源供能能力。全市已稳步推动悦来生态城国家首批绿色生态城区建设，组织建造 305 万 m^2 绿色建筑及绿色生态小区，实施 150 万 m^2 既有公建节能改造。2015 年年底，四川省完成新建绿色建筑 3 200 万 m^2，20% 的城镇新建建筑达到"绿色标准"。

3. 因地制宜地打造特色小城镇

以绿色、低碳为主题，结合当地地理、文化特色，因地制宜地对小城镇进行改造，目前在成渝地区均有实践。改造的主要方式为"被动式"，即利用原有的建筑基础加以改造，尽量做到轻建筑、重环境。由于每个小城镇的地理、文化特色不一样，提取每个地方不同的生态、文态、形态、业态，形成各自特有的改造方案。同时，还将从能源、水资源、废弃物利用等方面指导打造绿色、低碳的特色小城镇。

4. 推进城镇与旅游业融合发展

依托成渝地区独特的地理优势，成渝城市群坚持走以生态旅游为主导的产业发展之路，积极推进城镇与旅游产业融合发展，围绕"一中心两组团"、重点旅游镇以及一般镇乡三级体系，加快把城市建设成为展示地方旅游形象、丰富旅游消费业态、吸纳高山生态扶贫搬迁对象的聚合平台。以重庆武隆县为例，其坚持走以生态旅游为主导的产业发展之路，积极推进城镇与旅游产业融合发展，围绕"一中心两组团"、重点旅游镇以及一般镇乡三级体系，加快把城市建设成为展示武隆旅游形象、丰富武隆旅游消费业态、吸纳高山生态扶贫搬迁对象的聚合平台，见表2-9。

表 2-9　成渝城市群绿色发展一览

	重庆	四川
绿色经济	2014 年，重庆市万元地区生产总值能耗降低 3.74%； 万元工业增加值能耗降低 8.00%； 万元地区生产总值电耗降低 3.85%	2014 年，四川省万元地区生产总值能耗降低 4.64%； 万元工业增加值能耗降低 8.03%； 万元地区生产总值电耗降低 4.72%
资源利用	2014 年，重庆市人均用水量为 269 m^3，万元 GDP 用水量为 56 m^3，万元工业增加值用水量为 71 m^3，居民生活人均日用水量为 132 L，农田灌溉亩均用水量为 307 m^3，城镇公共人均日用水量为 71 L	2014 年，四川省总用水量 236.86 亿 m^3，其中农业用水 145.38 亿 m^3，占用水总量的 61.4%；工业用水 44.73 亿 m^3，占用水总量的 18.9%；生活用水 44.73 亿 m^3，占用水总量的 18.0%，生态用水 4.21 亿 m^3，占用水总量的 1.8%
环境质量	2015 年，重庆主城区空气质量达标天数为 292 天，超标天数为 73 天；主城区环境空气中，SO_2、CO、O_3 浓度均达到国家环境空气质量二级标准，PM_{10}、$PM_{2.5}$ 和 NO_2 浓度分别超标 0.24 倍、0.63 倍和 0.12 倍	2015 年，四川省城市环境空气平均优良天数为 330 天，比例为 90.8%；河流水质总体为轻度污染；城市集中式生活饮用水水源地水质达标率为 99.2%，城市区域声环境质量总体较好； 四川省生态环境质量良好； 四川省辐射环境质量总体良好
生态空间	2014 年，重庆林业用地面积 406.28 万 hm^2；公园个数 307 个，公园面积 1.08 万 hm^2；城市绿地面积 5.25 万 hm^2	2014 年，四川省林业用地面积 2 328.26 万 hm^2；公园个数 466 个，公园面积 1.24 万 hm^2；城市绿地面积 8.21 万 hm^2

	重庆	四川
绿色社会	重庆市正在组织实施的可再生能源建筑应用示范面积达396万㎡，已形成对250余万㎡建筑可再生能源供能能力；重庆市已稳步推动悦来生态城国家首批绿色生态城区建设，组织建造305万㎡绿色建筑及绿色生态小区，实施150万㎡既有公建节能改造	2015年年底，四川省完成新建绿色建筑3 200万㎡，20%的城镇新建建筑达到"绿色标准"
绿色制度	2015年，重庆市划定了到2020年的林地和森林、湿地、物种等林业生态保护红线。 林地和森林红线：重庆市林地面积不能低于6 300万亩，森林面积不低于5 600万亩，森林覆盖率达到并稳定在45%； 湿地红线：重庆市的湿地面积不少于310万亩，维护湿地生态功能和生物多样性，促进湿地资源可持续利用； 物种红线：严格野生动植物和自然保护区的保护管理，确保陆地典型生态系统、野生动植物及其主要栖息地、珍稀濒危野生动植物得到有效保护，维护生态安全和生物多样性	四川省划分三类生态保护红线——重点生态功能区保护红线、生态环境敏感区和脆弱区保护红线、生物多样性保护红线

（二）问题

1. 城镇工业技术水平影响绿色城镇化的环境质量

城镇工业技术水平较低，结构性污染较大。重庆市经济发达的都市圈高新技术产业比重较低，而污染较大的传统重工、化工业较多，加上地理环境特殊，面临严重的空气污染。自2000年以来，重庆主城区关停、搬迁了一批污染严重的工矿企业，并大量种植绿色植物，环境和空气质量得到大幅改善。

2. 产业布局不合理

产业布局不合理，城镇工业、商业和生活各功能区不明确，对人居生活环境有很大影响。城市中心如果设立较多的大中型工业，其环境将受到较大影响。沿江沿河设立水污染重的医药化工企业，而不对排放的污染进行有效治理，则会影响当地的水资源生态环境。

八、辽中南城市群

（一）大力推进建筑领域节能和再生资源利用

以大连市为例，其持续推进建筑领域节能，确立了"十二五"期间完成新建绿色建筑 250 万 m^2，既有居住建筑节能改造 600 万 m^2，公共建筑和公共机构办公建筑节能改造 30 万 m^2 的目标任务；启动了大规模既有居住建筑节能改造工作。积极开展交通领域节能，成功申报国家 2013—2015 年新能源汽车示范城市试点，积极推进节能与新能源汽车在交通行业中的推广与应用。深化公共机构节能，2013 年公共机构人均能耗同比下降 4.32%，单位建筑面积能耗同比下降 3.65%。

此外，大连市加快推进再生资源利用产业集聚发展，大力推进国家"城市矿产"示范基地——大连国家生态工业示范园区（静脉产业类）开发建设，积极推进再生资源回收体系建设。不断加强水资源节约，积极创建水生态文明城市，深入推进节水型社会建设。积极推进建筑领域资源综合利用，新型墙体材料发展应用登上新台阶，粉煤灰综合利用工作稳步开展，有效推进节约集约利用土地资源。

（二）新城新市推动传统城镇化向绿色城镇化转变

"十一五"以来，辽宁省以沈阳经济区为重点，按照新体制、新机制、新理念、新方式，以城际连接带的县镇和中心镇为据点，以城乡统筹、规划为先、生态主导、突出特色、产业支撑、以人为本等为基本取向，建设 41 个新城新市。从辽宁推进城镇化的过程和实践来看，初步实现了由传统城镇化向绿色城镇化的跨越，目前一批新城和新市基础框架基本形成。其中，特色鲜明的新城，如在沈铁连接带上，初步建成生态文明和新兴产业为主导的沈北新城，生态景观特色鲜明、"城在景中、景在城中"的铁岭新城；在沈抚连接带上，初步建成生态宜居宜业和产业特色鲜明（新材料和动力装备）的沈抚新城；在沈本连接带上，初步建成以生物制药为主体产业的"药都"沈本新城；在沈辽连接带上，正在建设以轻化工为主导的生态型灯塔新城，以新兴产业为主体、生态宜居的辽阳河东新城；在辽鞍连接带上，建起以新材料（钢材深加工）和高职教育为特色的鞍山达道湾新城；在鞍营连接带上，产业特色鲜明的海西新城、营东新城等正在崛起。

（三）绿色城镇化推动产业集群建设

在绿色城镇化的有力推动下，初步形成了一批有竞争力和发展潜力的新型产业聚集区和产业集群，成为辽宁新的经济增长极和持续较快发展的动力源。以绿色城镇化为契机，辽宁省计划到 2020 年建成 40 个具有地区拉动作用的特色产业聚集区，消费品工业规模以上工业增加值占全省比重将达 23% 左右，拥有年产值超百亿元企业 3 户，公共检测服务平台达到 10 个以上，见表 2-10。

表 2-10　辽中南城市群绿色发展一览

	辽中南城市群
绿色经济	2014 年，辽宁省万元地区生产总值能耗降低 5.08%； 万元工业增加值能耗降低 6.11%； 万元地区生产总值电耗降低 4.02%
资源利用	2015 年，辽宁省万元 GDP 用水量下降 20%，完成国家下达的单位 GDP 能耗、二氧化碳排放降低任务
环境质量	2015 年，辽宁省城市环境空气中二氧化硫、二氧化氮年均浓度符合《环境空气质量标准》（GB 3095—2012）二级标准，可吸入颗粒物年均浓度超标 0.41 倍； 辽河流域为轻度污染，90 个干流、支流断面中八成断面达到预期目标；15 座水库和 45 个城市集中式生活饮用水水源地水质基本保持良好；近岸海域水质总体良好； 辽宁省道路交通声环境质量等级为好和较好； 辽宁省生态环境质量为良，在全国处于中等水平
生态空间	2014 年，辽宁省林业用地面积 699.89 万 hm^2；公园个数 374 个，公园面积 1.38 万 hm^2；城市绿地面积 12.20 万 hm^2；森林覆盖率达到 42%，森林蓄积量达到 3.41 亿 m^3
绿色社会	"十二五"期间，新建绿色建筑 250 万 m^2，既有居住建筑节能改造 600 万 m^2，公共建筑和公共机构办公建筑节能改造 30 万 m^2； 2015 年，辽宁省完成造林绿化 258 万亩，矿山环境治理 1.5 万亩，草原沙化治理 90 万亩；建设高标准基本农田 153 万亩
绿色制度	2016 年，沈阳有 94 个地区被划为生态保护红线区； 沈阳市生态保护红线区面积为 2 678.11 km^2，其中一类区面积 441.88 km^2，占 16.5%，二类区面积 2 236.23 km^2，占 83.5%； 生态保护红线区面积占沈阳市国土面积的 20.8%，覆盖沈阳市 90% 以上的重要生态功能区和生态敏感脆弱区

（四）问题

在辽中南城市群推进绿色城镇化进程中，依然面临着诸多问题和难题。例如，绿色城镇化与农业现代化、工业化、信息化的关系，老城与新城的关系，城镇化与大中小城市的关系等没有完全理顺；信息化没有完全融入和渗透到绿色城镇化规划和建设及管理中，新城和新市镇建设与管理水平较为粗放；部分新城新市镇建设特色不够鲜明，缺乏个性等。

九、山东半岛城市群

（一）新型城镇化试点广泛开展

2015 年，山东 4 地（龙口市、章丘市、邹城市和临沂市义堂镇）被列入全国第二批新型城镇化综合试点。试点地区 2015 年年底前启动试点，到 2017 年与第一批试点地区同步取得试点任务的阶段性成果，形成可复制、可推广的经验；到 2020 年在全国范围内全面有序地推广试点成功经验。

（二）海绵城市试点经验在山东省推广

2016 年，山东省政府提出了海绵城市建设的工作目标：各地要通过"渗、滞、蓄、净、用、排"等措施，将至少 75% 的降雨实现就地消纳和利用，逐步实现小雨不积水、大雨不内涝、水体不黑臭、热岛有缓解的目标。到 2020 年，城市建成区 25% 以上的面积达到目标要求，黑臭水体控制在 10% 以内；到 2030 年，城市建成区 80% 以上的面积达到目标要求，黑臭水体总体得到消除。到 2017 年年底，济南市、青岛市建成区基本消除黑臭水体，济南市通过国家海绵城市建设试点验收，并形成典型示范经验向全省推广。

（三）紧抓绿色建筑评定

在建筑节能工作方面，济南市建委抓好绿色建筑评定，协调市政部门推进供热计量改革，创建绿色建筑城市，并对既有建筑进行节能改造。改造对象主要是 2007 年 10 月 1 日以前建成的老小区，重点是已经实现集中供热或即将实现集中供热的小区，这一工程被纳入"2013 年为民办 17 件实事"之一。自2014年起，山东省政府投资或以政府投资为主的机关办公建筑、公益性建筑、保障性住房，以及大型公共建筑和10万m²以上的住宅小区，全面执行绿色建筑标准，同步推广污水处理、中水回用、分布式能源、天地合一等技术，对获得绿色建筑星级标识的项目给予资金补助，全面打造百年建筑，到2020年，当年绿色建筑占新建建筑比重达到60%。

（四）全面推进低碳城市建设

2014年，潍坊市被列为全国首批低碳生态试点城市，根据潍坊市政府第26次常务会议审议通过的《中美低碳生态试点城市工作方案》，政府投资或以政府投资为主的机关办公建筑、公益性建筑、保障性住房，以及大型公共建筑和10万m²以上的住宅小区全面执行绿色建筑标准，同步推广污水处理、中水回用、分布式能源、天地合一等技术。以潍坊市坊子北部新区低碳生态社区组团、滨海区特色生态小镇、峡山瑞典生态城等6个示范区域和潍坊市概念性战略规划、新能源利用、绿色行动计划等30个示范项目为依托，潍坊市全面启动城市规划、绿色建筑、绿色交通、生态环保、资源利用、节能环保产业、供热计量改革、城市智能化管理等方面试点工作，加快推进低碳生态城市建设，见表2-11。

表2-11 山东半岛城市群绿色发展一览

山东半岛城市群	
绿色经济	2014年，山东省万元地区生产总值能耗降低5.00%； 万元工业增加值能耗降低7.22%； 万元地区生产总值电耗降低4.84%
资源利用	2015年山东省总用水量为212.77亿m³； 其中，农田灌溉用水占58.0%、林牧渔畜用水占9.3%、工业用水占13.9%、城镇公共用水占3.5%、居民生活用水占12.1%、生态环境用水占3.2%
环境质量	2015年，省控重点河流COD和氨氮平均浓度分别为23.7 mg/L和0.91 mg/L，比上年同期改善了2.4%和5.8%；山东省$PM_{2.5}$平均浓度为76 μg/m³，同比改善7.3%；PM_{10}平均浓度为131 μg/m³，同比改善7.7%；SO_2平均浓度为45 μg/m³，同比改善23.7%；NO_2平均浓度为41 μg/m³，同比改善10.9%；"蓝天白云，繁星闪烁"天数平均为214.7天，同比增加了15.1天；重污染天数为29.9天，同比减少了4.8天；环境空气质量综合指数平均为7.46，同比改善7.9%

山东半岛城市群	
生态空间	2014 年，山东省林业用地面积 331.26 万 hm²；公园个数 790 个，公园面积 3.26 万 hm²；城市绿地面积 20.52 万 hm²
绿色社会	2014 年，山东省加大新建建筑节能标准监管，政府投资的公益性建筑及大型公共建筑，全面执行居住建筑节能 65%、公共建筑节能 50% 的强制性绿色节能标准； 2015 年，山东省筹措资金 6.1 亿元，聚焦农村环境综合整治，重点支持南水北调汇水区、省级示范县以及贫困村等开展农村饮用水水源地保护和农村环境综合整治，突出水污染防治项目建设，并建立环保设施长效运行维护机制；完成 100 万 m² 既有居住建筑、5 万 m² 公共建筑的节能改造任务，完成 150 万 m² 公共建筑能耗统计工作； 积极申报可再生能源建筑应用和绿色建筑示范项目，确保新开工绿色建筑 80 万 m²，完成太阳能与建筑一体化应用面积 200 万 m²
绿色制度	山东从 2016 年起将海绵城市建设纳入省新型城镇化工作考核，将海绵城市建设指标纳入园林城市、节水型城市和绿色生态城区（建筑）示范指标体系

十、海峡西岸城市群

海峡西岸城市群又名海峡西岸经济区，是以福州、泉州、厦门、温州、汕头五大中心城市为核心，包含厦门、温州、潮州等共计 20 个地级市所组成的国家级城市群。

（一）生态文明先行示范

近年来，福建省以深化生态省建设为抓手，以生态文明先行示范区建设为平台，发挥政府、企业、市民三者的积极性，采取改造淘汰高消耗传统产业、产业园区循环化改造、循环经济试点示范建设、打造能源结构低碳化、推行城市绿色公交、建设城市低碳建筑、绿化美化城市园林、倡导市民低碳生活等一系列低碳工作，积极推动低碳城市发展，并取得良好的成效。

截至目前，福建省城市建成区绿地率为 38.98%，人均公园绿地面积 12.9 m²；23 个城市空气平均达标天数比例为 99.3%。厦门、南平先后被列为国家低碳城市试点，漳州市长泰经济开发区被列入首批国家低碳工业园区试点，泉州入选全国十佳低碳生态城市。2014 年，福州、厦门入选全国低碳城市十强。2014 年福建省万元地区生产总值能耗为 0.575 tce，比全国平均水平低近 1/4，2015 年又在 2014 年的基数上下降了 7.7%。4 种主要污染物减排量均控制在国家要求的指标范围内。核电、风电、太阳能、生物质能等新能源和可再生能源发展势头良好，已投产核电装机 435.6 万 kW，风电装机 200 万 kW 左右。

（二）节能减排政策逐步落实

近年来，厦门市积极贯彻国务院、福建省关于节能减排的各项政策，积极探索低碳发展模式，努力推进低碳城市建设。2009 年 11 月，厦门编制出台了《厦门市低碳城市建设规划纲要》，详细介绍了厦门发展低碳城市的总体目标和规划，以及发展的对策措施，这标志着厦门建设低碳城市已经从抽象的概念走向了具体的实施阶段；2010 年 7 月，厦门市被国家发改委确定为低碳城市试点。2010 年 12 月，厦门首个低碳示范新城集美低碳生态城正式启动；2011 年 1 月，厦门市低碳城市试点工作实施方案编制完成。2011 年 2 月，低碳城市试点工作和低碳发展目标被纳入厦门市"十二五"规划纲要。

（三）有序开展低碳交通运输城市区域性试点

2014 年，交通运输部从全国 17 个申报城市中正式确定 7 个城市为全国第二批绿色循环低碳交通运输城市区域性试点，福建南平位列其中。南平按照建设"山水园林城市、清洁智慧交通"的总体要求，从建设绿色循环低碳交通运输示范新区、综合交通基础设施网络、智能交通运输体系、运输组织体系和交通能力监管体系、推广应用节能环保运输装备六个方面，提出建设任务及支撑项目。南平投资 208 亿元，实施 66 个交通节能减排项目，2017 年年初步建成符合要求的绿色循环低碳交通运输体系，全面完成绿色循环低碳区域性试点的各项目标任务、示范工程和重点项目，打造可看、可学、可复制、可推广的生态旅游型交通运输区域性试点城市，见表 2-12。

表 2-12　海峡西岸城市群绿色发展一览

	海峡西岸城市群
绿色经济	2014 年，福建省万元地区生产总值能耗降低 1.53%； 万元工业增加值能耗降低 1.01%； 万元地区生产总值电耗降低 0.71%
资源利用	2014 年福建省万元地区生产总值能耗为 0.575 tce，比全国平均水平低近 1/4，2015 年又在 2014 年的基数上下降了 7.7%
环境质量	2015 年，12 条主要河流整体水质为优，Ⅰ～Ⅲ类水质比例为 94.0%； 23 个城市空气质量均达到或优于国家环境空气质量二级标准，达标天数比例平均为 99.5%； 城市声环境质量保持稳定，辐射环境质量总体保持良好； 森林覆盖率达 65.95%
生态空间	2014 年，福建省林业用地面积 926.82 万 hm^2；公园个数 557 个，公园面积 1.14 万 hm^2；城市绿地面积 6.04 万 hm^2
绿色社会	福建省城市建成区绿地率 38.98%，人均公园绿地面积 12.9 m^2；23 个城市空气平均达标天数比例为 99.3%
绿色制度	2015 年，福建省划定生态保护红线： 陆域生态红线包括 9 个类型，即生物多样性保护红线、重要湿地保护红线、水源涵养区保护红线、陆域重要水体及生态岸线保护红线、水土流失敏感区保护红线、自然与人文景观保护红线、生态公益林保护红线、沿海基干林带保护红线和集中式饮用水水源地保护红线； 海域生态红线主要包括重要河口、重要滨海湿地、特殊保护海岛、海洋保护区、自然景观及历史文化遗迹、珍稀濒危物种集中分布区、重要海滨旅游区、重要砂质岸线和沙源保护海域、重要渔业水域、红树林、珊瑚礁及海草床等

十一、关中城市群

近年来，陕西省围绕"建好西安、做美城市、做强县城、做大集镇、做好社区"的建设思路，抓住西咸新区成为国家创新城市发展方式试验区的重大机遇，全面加快省市共建大西安步伐，积极推进关中城市群建设，推进以人为本、四化同步、科学布局、绿色发展、文化传承的新型城镇化发展。

经过 15 年左右，关中"一线两带"地区将形成空间布局合理、功能互补、基础设施完备的组团状城镇群，建设成为国家级高新技术产业开发带和现代制造业基地、城乡居民生活舒适的宜居地区，打造我国内陆地区极具发展活力的城市群集中分布地区，引领示范陕西绿色城镇化建设。

（一）先行先试推动生态文明前进步伐

沣西新城位于陕西西安、咸阳两市之间，渭河和沣河两河之畔，属关中平原，是国家级新区西咸新区五个组团之一。作为我国西北地区首家全面推行雨水综合利用的城市，西咸新区沣西新城已然在海绵城市建设上做出了卓有成效的探索，通过先行先试、理论引导、科研实践、摸索总结，系统、全面地推进海绵城市建设，让水在城市中自然循环，充分发挥出生态效益，推进生态文明前行步伐。

（二）海绵城市建设带动西北水循环

在西北这样一个严重缺水的地方，建设海绵城市是让城市回归自然的一个主要途径：城市下雨的时候就吸水，干旱的时候就把吸收的水再"吐"出来，使水源得以涵养，使田园得以保存，使生态得以循环。城市建设发展方向与西咸新区建设田园城市的定位不谋而合，其以自然河流、生态廊道、道路框架构建布局合理、生态环保、结构完善的城乡空间结构，形成"廊道贯穿、组团布局"的田园城市总体空间形态，构建起层次清晰、架构分明、自然灵动的新型城市生态本底，为海绵城市建设提供"大有可为"的施展空间，见表2-13。

表 2-13　关中城市群绿色发展一览

	甘肃	陕西
绿色经济	2014 年，甘肃省万元地区生产总值能耗降低 5.21%； 万元工业增加值能耗降低 7.02%； 万元地区生产总值电耗降低 6.26%	2014 年，陕西省万元地区生产总值能耗降低 3.58%； 万元工业增加值能耗降低 5.18%； 万元地区生产总值电耗降低 3.00%
资源利用	2014 年甘肃省全年淘汰铁合金 2.36 万 t、电石 10 万 t、水泥 80 万 t、平板玻璃 60 万重量箱，关闭小煤矿 76 处	与"十五"末期相比，"十一五"期间，陕西省农业灌溉水利用系数从 0.48 提高到 0.53；城市供水管网漏失率从 22% 降低到 17%； 万元 GDP 用水量从 214 m^3 降低到 123 m^3，降幅达 42.5% 以上； 工业万元增加值用水量由 83 m^3 降低到 48 m^3，降幅达 42%

	甘肃	陕西
环境质量	2015 年，甘肃省地表水水质按功能区达标断面（含水库）60 个，较 2014 年增加 1 个；14 个市州可吸入颗粒物均值为 95 µg/m³，比 2014 年下降 3.1%；二氧化硫均值为 31 µg/m³，比 2014 年上升 3.3%；二氧化氮均值为 31 µg/m³，比 2014 年上升 6.9%；声环境质量保持稳定	2015 年关中 5 市平均优良天数达到 263 天，比 2014 年增加 39 天，PM$_{10}$ 和 PM$_{2.5}$ 平均浓度分别下降 12.4% 和 18.1%；渭河干流水质化学需氧量、氨氮平均浓度较上年分别下降 19.0% 和 33.3%、支流下降 20.8% 和 16.1%，出省断面保持 IV 类水质；汉江、丹江水质继续稳定保持为 II 类、III 类优良水质；陕西省主要污染物化学需氧量、氨氮、二氧化硫、氮氧化物分别削减 3.13%、4.45%、5.88%、11.11%，均超额完成 2015 年任务
生态空间	2014 年，甘肃省林业用地面积 1 042.65 万 hm²；公园个数 116 个，公园面积 0.41 万 hm²；城市绿地面积 2.23 万 hm²	2014 年，陕西省林业用地面积 1 228.47 万 hm²；公园个数 191 个，公园面积 0.54 万 hm²；城市绿地面积 3.64 万 hm²
绿色社会	2015 年，甘肃省累计投入资金 11.08 亿元，完成了 14 个市州 85 个县 1 655 个行政村农村环境连片整治任务，97 个行政村正在组织实施农村环境综合整治工作	农村环境整治和生态创建深入推进，完成 190 个乡镇的 1 323 个行政村的环境连片整治示范建设，总投资 6.4 亿元；同时，被列为 2015 年、2016 年全国农村饮用水水源地环境综合整治重点省，争取下达治理资金 9 亿元
绿色制度	2015 年，甘肃省深化生态环保领域改革，规划生态保护红线，实行最严格保护措施；探索建立生态补偿机制，加强督促检查和考核评价，强化资源产出、资源消耗、资源综合利用、废物排放等指标约束	2016 年，陕西省明确 14 类重点区域将被纳入全省生态保护红线划分范围，实行分级管控；这 14 类重点区域包括自然保护区、饮用水水源保护区、风景名胜区、森林公园、地质公园、湿地公园、重要湿地、水产种质资源保护区、生态公益林、洪水调蓄区、重要水库、国家良好湖泊、重点生态功能区、生态敏感脆弱区；全省生态保护红线总面积为 79 385.7 km²，占全省国土面积的 38.6%；其中一级管控红线区面积 10 047.7 km²，占全省国土面积的 4.9%；二级管控红线区面积 69 338 km²，占全省国土面积的 33.7%

第三节　我国城镇化过程面临的挑战

中国城镇化发展的 30 年虽然取得了巨大成绩，但也带来了一系列严重的环境资源问题。据测算，城镇化率每上升 1 个百分点，增加能源消耗 4 940 万 tce，增加城镇生活污水排放量 11 亿 t。未来几年，中国仍将处于城镇化高速发展阶段，减缓环境资源压力、满足人民群众对城市环境高质量需求成为中国城镇化道路必选之路。

大规模、高速度的城镇化，在粗放型外延发展模式下，已经产生了巨大的资源环境压力。这种环境压力主要表现为城镇空间快速扩张造成土地严重浪费；资源高消耗引发了巨大的环境压力；城镇发展面临的生态压力日渐加大；城镇各种环境污染问题日益突出。

一是城镇空间快速扩张造成土地严重浪费。随着城镇化进程的快速推进，城镇建成区和建设用地迅速扩张。1983—2010 年，全国城市人口年均增长 3.72%，而城市建成区面积和城市建设用地面积分别增长了 5.99% 和 6.32%。尤其是 2001—2010 年，全国城市建成区面积从 2.24 万 km^2 迅速扩张到 4.01 万 km^2，城市建设用地从 2.21 万 km^2 扩张到 3.98 万 km^2，年平均增长 5.97% 和 6.04%，而同期城市人口年均增长仅为 3.27%。这说明中国城市建设用地的使用效率不高，土地城镇化快于人口城镇化。到 2011 年，中国城镇建成区面积已达到 9.484 万 km^2，其中城市 4.360 万 km^2，县城 1.738 万 km^2，建制镇 3.386 万 km^2。城镇空间和建设用地的快速扩张，导致耕地数量不断减少，耕地总体质量趋于下降。2001—2008 年，全国因建设占用减少耕地达 2 599 万亩，其中，2008 年为 287.4 万亩，占年内减少耕地总面积的 68.9%。特别是因城镇建设占用的耕地大多属于质量较好的耕地，导致耕地质量呈下降趋势。在珠三角、长三角等地区，近年来工业化和城镇化的快速推进不断吞食着大片农田，耕地面积大幅减少，粮食生产呈萎缩状态，促使这些地区由粮食主产区转变为粮食主销区。

二是资源高消耗引发了巨大的环境压力。随着城镇化进程的快速推进，中国的资源和能源消费一直占世界较大比重。2010 年，中国 GDP 仅占世界总量的 9.5%，而水泥消费量占世界的 56.2%，钢铁表观消费量占 44.9%，一次能源消费占 20.3%，其中煤炭消费占 48.2%。中国的资源和能源消费主要集中在城镇地区。在全国终端能源消费中，2010 年工交行业和城镇生活能源消费占 84.6%，其中城镇人均生活能耗是农村人均水平的 1.54 倍，城镇单位建筑面积耗能则是农村地区的 4.52 倍。仅 287 个地级及以上城市的能耗就占全国的 55.48%，二氧化碳排放量占全国的 58.84%。根据国际能源署提供的数据，2005 年中国 41% 的城镇人口产生了 75% 的一次能源需求；2015 年中国城镇能耗占全国的 79%，到 2030 年将进一步提高到 83%。能源和资源的高消耗，最终会形成一系列环境问题，加大了环境综合治理的难度。特别是近年来城镇用水需求迅速增加，水资源供需矛盾日益突出，越来越多的城镇处于严重缺水状态。2010 年，全国有 420 多座城市供水不足，其中 110 座严重缺水，缺水总量达 105 亿 m^3。

　　三是城镇发展面临的生态压力日渐加大。第一，城镇自然植被覆盖较低，钢筋水泥丛林面积不断扩大。一些城市开发强度过高，生产空间比重过大，而人均绿地面积较少，生活和生态空间严重不足。目前，全国城市绿地占城市建设用地比重仅 10% 左右，建制镇人均公园绿地面积仅有 2.0 m^2；而城市工厂、道路广场、公共设施用地面积不断扩大，甚至形成钢筋水泥丛林。第二，城镇湿地面积锐减，生物多样性持续减少。特别是由于人工过度干预，城镇湿地往往被分割成面积狭小、生境破碎、孤岛式的斑块，湿地生境往往遭受破坏。第三，城镇地下水过度开采，地面加速沉降。由于大量抽取地下水，导致华北、西北、华东地区不少城镇地下水位持续下降，部分地区已出现区域性地面沉降、裂缝等地质灾害和海水入侵等生态环境问题。目前，全国发生地面沉降灾害的城市已超过 50 个。尤其是华北平原区，地面沉降量超过 200 mm 的范围达 6.4 万 km^2，占整个华北地区的 46% 左右。

　　四是城镇各种环境污染问题日益突出。首先，城市空气质量较差，$PM_{2.5}$ 浓度普遍较高。按照 2012 年 2 月修订的《环境空气质量标准》，全国有 2/3 的城市空气质量不达标。2011 年，全国 325 个地级及以上城市（含部分地、州、盟所在地和省辖市）中，环境空气质量超标城市的比例仍高达 11.0%；在监测的 468 个市（县）中，出现酸雨的市（县）227 个，占 48.5%。其次，城镇污水排放量持续增大，地表和地下水污染严重。全国城市污水排放量在 1991—2011 年增长了 37.4%，而县城则在 2001—2011 年增长了 84.1%。目前全国城市近 20%、县城 30% 以及建制镇绝大部分污水没有经过有效处理，直接排入江河湖海，导致水资源污染严重，城市饮用水安全受到威胁。2011 年，在全国 200 个城市 4 727 个地下水水质监测点中，较差—极差水质的监测点比例高达 55.0%；全国 113 个环保重点城市饮用水量中有 9.4% 不达标。太湖和滇池的富营养化、湘江重金属污染等问题更是触目惊心。最后，"垃圾围城"。据统计，目前全国城市生活垃圾累积堆存量达 70 多亿 t，占地 80 多万亩，并且以年平均 4.8% 的速度持续增长。全国 2/3 的大中城市陷入垃圾包围之中，1/4 的城市已没有合适场所堆放垃圾，"垃圾围城"之势已成，且有愈演愈烈之势。此外，以城市为中心的环境污染迅速向农村蔓延，青山绿水的农家景象已不多见。

　　绿色城镇化建设背负着解决上述问题的使命并已取得一定进展，但是总体上仍处于起步阶段，不可避免地存在一些问题，主要表现在以下几个方面：一是缺乏相关部门综合政策与法律对绿色城镇化规划建设的保障；二是缺乏相关部门主导的绿色城镇化规划体系与具体技术框架；三是缺乏地方政府作为管理主体的高度重视与管理运作；四是缺乏自下而上的公众参与机制平台；五是缺乏对公众基本生态文明教育的普及与宣传；六是缺乏绿色生态技术以及相关环保产业的技术支撑等。

下篇

国内外绿色城镇化
经验比较研究

第三章 城市群绿色发展与创新研究[*]

目前，我国正处于城镇化快速发展时期，城市扩张规模空前。在这个过程中，不仅有传统的以单一城市为主体的发展模式，还出现了以城市群为形态的区域城镇化发展模式。中央政府在"十一五"规划、"十二五"规划、"十三五"规划及《国家新型城镇化规划（2014—2020）》中指出，"要以城市群为主体推进我国未来的城镇化"；"坚持以人的城镇化为核心、以城市群为主体形态、以城市综合承载能力为支撑、以体制机制创新为保障，加快新型城镇化步伐，提高社会主义新农村建设水平，努力缩小城乡发展差距，推进城乡发展一体化"。

未来，我国将培育和发展 23 个规模不一、各具功能的城市群，沿海、沿长江、沿陇海—兰新线分布。近年来，我国生态环境问题不仅影响城市本身，还扩展至城市周边甚至更远的区域，形成区域化的问题。尤其是空气污染和水污染问题，其区域化特征更为显著。例如，我国当前较为突出的空气污染问题，PM$_{2.5}$ 高浓度区域主要分布于我国城镇化快速发展地区。

以城市群为主体形态的城镇化成为我国今后相当长一段时期的经济建设和实现现代化的战略目标，而生态环境和生态文明建设又是推进城镇化不可或缺的组成部分。因此，如何减少城市群发展对生态环境的影响，实现从"黑色发展"向"绿色发展"的转变对我国可持续发展至关重要。研究城市群绿色发展，优化我国城镇空间结构和产业布局，服务于国家发展战略，对我国新型城镇化战略的实施具有重要意义，可为我国城镇发展提供科学依据。

---

* 本章由冯悦怡、段光正、周伟奇撰写。

第一节　城市群绿色发展国际经验

一、美国东北部大西洋沿岸城市群

美国东北部大西洋沿岸城市群地跨 12 个州，包括分布于大西洋沿岸的 5 个主要城市：波士顿、纽约、费城、巴尔的摩和华盛顿，以及周边中小型城市及城镇 142 个，面积约为 13.8 万 km^2。该城市群城镇化水平高达 90%，是美国人口密度最高的地区，也是美国经济最发达的地区之一。

（一）历史城市环境问题与城市群产城布局变迁分析

美国东北部大西洋沿岸城市群城市空间布局呈多核心且蔓延型格局。根据美国交通部对该地区 1990—2040 年城市布局现状及预测结果分析，东北大西洋沿岸地区五大城市通过贯穿南北的高速铁路（Amtrak）与 I-95 号高速公路相连接。其余周边中小型城市及城镇则通过发达的交通网络相互连通，形成多中心且蔓延的城镇布局。美国东北城市群的形成与发展得益于高度发达的交通网络。1890—2006 年，铁路密度显著增加，连接主要城市区域铁路密度涨幅均超过 8 条每平方英里（1 平方英里＝ 2.59 km²）。公路密度增长更是显著，1920—2006 年，公路密度从小于 2 条每平方英里增至 16～ 18 条每平方英里。发达的交通网络促进了不同规模城市、城镇间的人口、物质和能量的交换，使该地区形成了由不同规模城镇组成的等级系统。

该城市群产业类型已从制造业向服务业转变，并形成明确的产业分工体系。其产业结构的变迁可分为三个阶段。第一阶段为 19 世纪初至"二战"期间，工业革命及第二次技术革命有力地推动了该地区制造产业的发展。产业类型主要包括钢铁、煤炭和机械制造等。该区域集中了全国 2/3 的制造业从业人口和 3/4 的制造业产值。其中由于规模经济的发展，在大城市，即波士顿、纽约、费城等，聚集了大量人口并从事制造业生产活动，使产业集中度提高。在大城市的辐射带动下，周边小城镇的第二产业发展迅速，人口和商业也不断向小城镇聚集，服务功能日益完善。第二阶段为"二战"后至 20 世纪 70 年代，伴随着集中紧凑发展模式的衰退以及郊区基础设施建设的快速发展，大都市出现了制造业郊区化的特征。第三阶段为 20 世纪 70 年代至今，城市工业已从劳动密集型过渡到资本密集型和技术密集型。由于对劳动力需求相对减少，原来从事制造业生产的劳动力逐渐向第三产业转移。同时，人口聚集趋势的放缓也使城市群外延趋势受到限制。城市群内部产业分工明确，并形成体系。例如，纽约具有最为发达的商业和生产服务业，是全球金融贸易中心；波士顿则是该区域的高科技聚集地，也是电子、宇航和国防企业中心；华盛顿则是全美政治中心。各大城市具有自身特色行业，产业集群程度不明显，但区域中各行业协调发展，形成多元化的产业群落。

美国城市群的空气污染问题主要发生在 20 世纪 40—70 年代。煤炭作为当时工业发展和城市居民取暖、烹调及照明使用的主要燃料，燃烧排放的污染物造成了严重的空气污染问题。位于东北部的城市群主要发展轻工业，空气污染程度虽然明显低于中西部等发展重工业的城市群，但是东北部的城市群作为美国人口最为密集的地区，空气污染问题依然很突出。尤其是在 20 世纪 60 年代的纽约市，空气污染尤为严重，主要污染类型为煤烟型污染。例如，1966 年发生的"感恩节周末事件"使整个东北城市群都陷入糟糕的空气污染中，引起了上万人的死亡。东北城市群水体污染问题则集中爆发于 19 世纪后期。特别是纽约市，上游水源附近生活污水与工业废水的排放，包括融化积雪的道路盐水、农药、奶牛饲养场的畜类排泄物以及火力发电厂的排放物，导致河流微生物数量剧增，溶解氧下降，蓝藻暴发频繁，严重影响上游水质。

（二）环境问题的解决与城市群产城布局变化的关联性分析

美国东北城市群空气污染和水体污染问题的解决得益于该城市群产业结构的调整和布局的优化。美国东北部城市群整体产业结构变迁经历了三个过程：大力发展制造业—制造业郊区化—发展第三产业。同时，城市之间通过不断地协调发展形成了完善的产业分工格局。纽约占据区域内的核心地位，其他城市则借助纽约市的资本优势，寻找与纽约错位的发展道路。经过产业配置及多年发展，城市群内城市都形成了各自的产业亮点：费城的重工业、波士顿的高科技产业、巴尔的摩的冶炼工业。在整个城市群的构架下通过合作与分工实现在城市群中各自的功能，在保证发展的同时，缓解由于产业过于集中带来的环境压力。针对水污染治理，美国采取了征收水源土地、控制水源地产业结构、转移产生污染源的产业等措施。

在城市布局方面，为解决蔓延式的城市发展方式带来的土地利用单一、郊区低密度开发、土地利用效率低下以及由此产生的交通拥堵问题及空气质量问题，美国采取了各种有针对性的措施。例如，纽约开始土地集约式利用的发展模式，通过建立公共交通和土地利用之间的有机联系，设计功能复合的社区以及加强城市内部废弃土地的再利用进行用地填充，来减少用地的外延扩展。同时通过减少工业和制造业对土地的占用，大力发展服务业等措施逐渐缓解社会矛盾、交通拥堵和环境问题。

（三）城市群产城布局的环境保护关键法律法规及政策措施梳理

城市布局及规划政策措施管理方面，美国城市发展致力于控制城市低密度蔓延式的扩张。例如，纽约区域规划协会的成立，发挥了区域规划在解决城市问题中的作用。通过纽约大都市区3次重要的区域规划方案，实现区域内人口的合理分布，阻止都市区爆炸式发展，改变郊区低密度扩展现象。

大气污染治理关键法律法规包括：

1963年，《清洁空气法》，第一部国会通过的处理空气污染的法律，规定联邦和地方政府协作共同治理区域空气污染问题，刺激了州和地方空气污染治理项目的发展。

1967年，《空气质量法》，为法律规定的"空气质量控制区"提供一个全新的处理州际空气污染问题的完整做法，同时逐渐增加联邦权力。是一个过渡性的法律，因此实施起来较为烦琐。

1970年，《清洁空气法》修正案，继续加强联邦权力，尤其是在汽车排放问题的处理上。在其规定的严格标准下，1975 年一氧化碳和碳氢化合物的排放量已经减少 90%。

关键管理措施：区域合作共治。一是州际合作。如臭氧运输委员会（OTC）的成立，主要帮助协同美国东北 11 个州和华盛顿特区地方政府采取相关措施，对臭氧浓度和氮氧化物进行监控。其工作重点是监控大气污染对人造成的潜在威胁与目前急需解决的问题，并制定相关政策以控制污染源的扩散，如对汽车尾气的控制、有关能源的合理利用等。二是州内合作。各州将所属地区划为多个环境管理区，涉及各管理区的环境问题共同协商解决。例如，加利福尼亚州为加强州内空气污染的监控，将全区划分为 13 个管理区，分区进行监控。"南海岸空气质量管理区"（SCAQMD）中制定的许多政策被采纳，对管控南加州地区的空气质量发挥了重要作用，取得的许多有益经验至今仍发挥着重要作用。三是部门合作。在美国有关州实施空气质量管理计划过程中，均包含着大量的部门间合作。

水污染治理关键法律法规包括：

1948 年，实施《联邦水污染控制法》，建立了美国水域的污染物排放规范的基本结构和地表水的质量标准。后经不断完善与修订，最终形成了至今依然发挥着重要作用的《清洁水法》。

1965 年，《水质法》使水质标准成为《清洁水法》的一部分，要求各州制定州际水域的标准，用来确定实际的污染水平。

1972 年，国会通过了《清洁水法》，禁止将污染物排放到通航的水域。联邦援助市政污水排放，并对所有污水排放规定执法程序。这项法律还提供资金来改善污水处理厂，并设置行业和污水处理厂排放污水的限制。

1974 年，国会通过了《安全饮用水法》，要求采取行动来保护饮用水及其水源——河流、湖泊、水库、泉水和地下水水源，以确保公众的健康。

二、英国伦敦都市圈

英国伦敦都市圈位于英国南部，以伦敦、利物浦为发展轴线向周边扩散，包括伯明翰、曼彻斯特等大城市和众多中小城镇。伦敦都市圈总面积约为 4.5 万 km²，为全国面积的 20%，但人口约为 3 650 万人，占全国总人口的 64.2%，圈内经济总量占全国的 80% 以上。该地区不仅是英国最大的经济中心，也是欧洲最大的金融中心。

（一）历史城市环境问题与城市群产城布局变迁分析

伦敦都市圈空间结构呈同心圆模式，包括四个圈层（图 3-1），第一圈层是内伦敦，包括伦敦金融城及内城的 12 个区，是都市圈的核心层；第二圈层是大伦敦地区，包括内伦敦和外伦敦的 20 个市辖区，构成标准的伦敦市统计区；第三圈层是伦敦市区，包括伦敦市和附近郊区的 11 个郡；第四圈层是伦敦都市圈，包括邻近大城市在内的大都市圈地域。

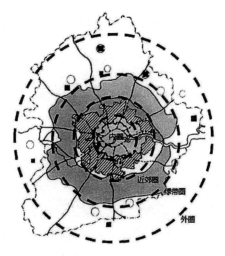

图 3-1　伦敦都市圈范围及城市布局

资料来源：郑碧云，2015。

产业布局和结构方面，英国伦敦都市圈已形成多中心的产业网络型格局，且区域内产业分工明确。伦敦作为都市圈中心，已从工业城市发展成为欧洲最大的金融和贸易中心。曼彻斯特主要发展新型工业，如电子、化工和印刷等。经过产业结构调整，伯明翰承接了伦敦转移的工业产业。

经过几十年的转型，目前伯明翰已实现传统工业向现代制造业的转型，成为英国最重要的制造业中心。利物浦的支柱产业已从船舶制造转变为商业和旅游业，而谢菲尔德则从钢铁制造为主的工业城市转型为发展特色服务业的城市。整个都市圈城市的主导产业已基本实现第二产业向第三产业的转型。目前，伦敦都市圈在产业结构上以服务业为主导，伦敦市从事服务业的人数占全市总就业人数的90%以上，服务业产值占全市总产值的85%以上。在服务业中，金融业及商业服务业占据主导地位，产值占40%以上。伦敦都市圈在核心城市伦敦的辐射与带动作用下，圈域范围内各城市共同发展，已实现产业升级。

19世纪中期，由于现代化工业的发展，环境日益恶化，空气和水体污染两大问题最为突出。20世纪50年代爆发的"伦敦烟雾事件"已成为世界史上的公害事件，造成了呼吸系统等的各种健康问题，其空气污染类型主要是煤烟型污染，污染物包括烟尘、湿雾和有害气体，如硫氧化物、碳氧化物等。烟尘与湿雾混合形成黄黑色烟雾笼罩上空，多天不散。能见度极差，甚至不足10 m。污染源主要由以煤为燃料的各类工厂和家用炉灶排放产生。从20世纪60年代开始，英国强力治理大气污染；20世纪70年代后，伦敦摘掉了"雾都"的帽子。但是随着机动车辆的增加，机动车尾气污染成为伦敦地区主要的空气污染问题，主要污染物是NO_2和PM_{10}。

伦敦城市群水污染问题集中体现在泰晤士河流域的污染。19世纪初，因工业的快速发展和人口的急剧增长，大量未经处理的工业废水和生活污水直接排入河流导致严重的河流污染。工业废水主要来源于化工企业、电厂废水以及周边的污水处理厂，生活污水主要来源于市区排污管道。污染物包括总磷、总氮、氨氮、固体悬浮物，导致泰晤士河污水量和生化需氧量（BOD）负荷不断增长。饮用水的污染引发了4次霍乱，对市民健康造成了极为恶劣的影响。19世纪50年代初水质恶化状况达到顶点。

（二）环境问题的解决与城市群产城布局变化的关联性分析

伦敦都市圈环境问题的解决与产城布局的变化主要分为四个阶段：

环境公害治理阶段（20 世纪 50—60 年代）、产业结构和能源结构调整
阶段（20 世纪 70—80 年代）、环境标准制度体系完善阶段（20 世纪
90 年代—2002 年）以及低碳及适应气候变化阶段（2003 年至今）（表3-1）。
从这些战略阶段可以看出，伦敦都市圈环境问题的解决首先基于末端治
理解决环境公害问题，然后从源头调整产业结构和能源结构，改善传统
工业污染状况。

表 3-1　伦敦都市圈环境战略发展阶段

环境战略阶段	经济发展	人口特征	主要环境问题	环境战略
环境公害治理阶段（20 世纪 50—60 年代）	工业革命后，工业化水平不断提高，工厂坐落于滨水地区，煤炭成为主要能源	"二战"后人口数量猛增，超过 800 万人，增加了能源消耗量和垃圾产生量	"伦敦烟雾事件"等环境公害是该时期主要环境问题，促使了全社会对环境保护的重视	出台环境公害问题的解决方案，开始构建环境法律体系，从末端治理环境污染
产业结构和能源结构调整阶段（20 世纪 70—80 年代）	伦敦开始从重化工阶段向后工业化阶段转型，加快发展服务业	随着制造业企业外迁，伦敦人口1981 年降至 660 万人	伦敦的制造业在产业结构中占比仍为最大，制造业是主要污染源的情形没有得到根本转变	环境战略的方向转移到污染源头治理，调整产业结构、能源结构和人口布局
环境标准制度体系完善阶段（20 世纪 90 年代—2002 年）	制造业比重大幅下降，服务业就业岗位则有不同程度的增加	人口规模基本保持稳定，维持在 600 万～700 万人	拥有机动车的家庭超过总户数的50%，尾气取代燃煤成为伦敦都市圈主要城市的大气污染源	根据新的环保形势，完善环境法规体系、环境监测机制、环境评估机制以及环境规划机制等
低碳及适应气候变化阶段（2003 年至今）	经济增长迅速，伦敦及东南部地区占英国经济增长的37%	伴随着经济快速发展，人口数量到 2011 年增加至 817 万人	气候变化带来的海平面上升、高温、暴雨灾害给城市安全带来很大威胁	生态城市和低碳城市成为环境战略的主题，制定气候变化适应措施

城市与产业布局调整方面，由于同心圆结构的合理规划，形成了多
中心的空间结构，一方面有效地疏散了人口密集地区的人口，缓解了人
口和交通压力，减少了由于过于集中的人口产生的高强度社会经济活动

以及随之而来的污染排放；另一方面，通过工厂外迁，对地区内产业格
局进行不断的优化和调整，形成产业分工明确的格局，使工业废气得到
控制。随着都市圈人口的不断增长，土地需求也在增加，但是通过合理
利用土地，使城市的开放空间依然不断增加。如都市圈第三圈（绿带圈）
的建设，一方面作为限制城市向外无序扩张的屏障，另一方面，通过规
划绿带环，拓宽原有城市的绿带，规划建设森林公园、大型绿地以及各
种游憩运动场所，为整个地区居民提供休闲活动场所；同时，通过增加
城市的公共绿地空间，对城市公共绿地空间进行合理的布局，对城市的
空气污染起到了缓解作用，改善了城市的生态环境。

　　产业结构调整方面，制造业比重下降和服务业的发展极大地改善了
环境状况。由于能源短缺和发展空间的限制，产业发展大幅降低能源和
原材料消耗，减少污染物对水体和大气的污染。20 世纪 80 年代，大伦敦
生产部门的就业率从 45% 下降到 29%，金融等服务业就业率从 13% 增加
到 23%。通过产业结构的调整，以及由此带动的能源结构的调整，伦敦
城市群从根本上降低了生产活动对环境的污染。

（三）城市群产城布局的环境保护关键法律法规及政策措施梳理

　　面对 19—20 世纪中期日益严峻的环境形势，英国政府出台了一系列
法律法规及管理措施。

　　城市群产业布局方面，主要的法律法规及政策措施有：

　　1938 年，编制《绿带法》，通过规定绿带用地，利用环城绿化带将
伦敦大都市包围，防止伦敦大都市区的空间蔓延。

　　1944 年，编制了世界上第一部特大型城市区域规划《大伦敦规划》，
将大伦敦都市区划分为四个同心圆。

　　1969—1976 年，对《大伦敦规划》进行修编，规划 3 条快速交通干
线向外扩展，希望能在更大的地域范围内通过与周边卫星城建立联系，
从而实现伦敦及其周边地区经济、人口和城市的合理均衡发展。至此，
使得伦敦都市区向"一个中心城，多个卫星城"发展，更好地进行工业
布局的调整，减轻中心城区的交通和人口压力。

1994 年，颁布《新伦敦战略规划建议书》，提出构建"新伦敦都市区"，对环境问题高度关注，更加注重空间规划与产业规划、功能规划相协调。

1998 年，颁布《区域发展局法》，根据这个法案成立区域发展局和区域议事厅，建立区域层级的合作政府，对区域的土地利用进行规划。

1999 年，为解决 1986 年实施的分权治理带来的问题，英国工党政府颁布《大伦敦市政府法案》，成立大伦敦市政府，统辖整个大伦敦地区的 32 个自治市和 1 个伦敦城。

此后，2004 年、2008 年、2011 年通过不断修改《大伦敦规划》，将人与自然、环境和谐相处的思想融入到规划理念当中，明确把气候变化、低碳经济、能源消费、减排计划等作为规划的核心。

大气污染防治方面，主要法规包括：

1863 年，制定《制碱业管理法》，并于 1906 年、1966 年和 1972 年进行了多次修订，以化工厂排出的废气为主要控制对象。

1956 年，制定《净化大气法》，该法是 1913 年《煤烟防治法》的延续，其控制对象主要是制碱业以外各种向大气排放烟尘的污染源，其范围较《制碱业管理法》广泛，被认为是空气污染控制上的主要法律。

河流治理方面较为关键的法律包括：

1876 年，英国议会通过了《河流防污法》，这是世界上第一部水环境保护法规。要求下水道污水与工业废水要符合规定的处理标准，经河流局同意后方可排入河流。

1973 年，制定《水资源法》，改革水管理体制，分别建立以城市或工矿区为中心的水污染防治体制和以水体为中心的区域性污染防治体制。

此外，英国的水污染防治还注重公众参与，主要体现在可以对污染行为提出民事和刑事诉讼。

三、日本太平洋沿岸城市群

日本太平洋沿岸城市群包括以东京为中心的东京都市圈、以名古屋为中心的名古屋都市圈和以京都、大阪和神户为中心的京阪神都市圈。

该城市群是日本政治、经济、文化和交通等的枢纽。

（一）历史城市环境问题与城市群产城布局变迁分析

组成日本太平洋沿岸城市群的三大都市圈，其发展相对独立。对比三个区域，都市圈的形成与空间扩张过程存在一定的相似性，即从中心向外围逐渐蔓延。

城市群产业空间格局特点鲜明。首先，由于日本国土狭窄、资源紧缺，因此日本人口和经济向城市经济圈高度集中，而位于三大平原的东京圈、名古屋圈和京阪神圈即为日本三大经济圈。其次，城市高度分工协助，有效地促进经济圈的发展。以东京为中心的首都圈主要发展制造业、金融和贸易等第三产业，以京都、大阪和神户为中心的京阪神经济圈则以制造业为主，而以名古屋为中心的经济圈则着重发展重化工业。最后，经济圈内部层状产业空间结构特征明显。不同都市圈中，各个地区出现不同的产业集群。如第三产业在中心城市东京高度集聚，制造、化工和电器机械产业则集聚式地分布于周围县区；而钢铁业分布于千叶县，化学工艺和电器机械行业则分布于神奈川县。日本城市群产业结调整过程中，虽然也偏重第三产业，但制造业仍占据一定的比重。

日本空气污染问题最严重的时期是 20 世纪 50 年代后半期到 70 年代，主要污染类型包括工厂和汽车排放的 SO_2 与 CO 引起的污染和 NO_2 与悬浮颗粒物引起的大气污染。尤其是在大阪、名古屋等地的工业区，工业废气以及大型卡车排出废气对大气造成严重污染。日本太平洋沿岸城市中的湖泊、内湾、内海等封闭性水域及部分城市中的中小河流受到了严重污染，主要体现为氮磷、BOD、COD 严重超标，蓝藻事件频发。主要的污染源为生活污水和工业废水，1982 年生活污水占到东京湾污染负荷的 72%，远高于工业及其他产业废水。生活污水主要来源于日常生活产生的厨厕污水及商业、医院和游乐场所的污水排放。

（二）环境问题的解决与城市群产城布局变化的关联性分析

日本城市群空气污染问题的解决与产城布局变化的关联主要体现在

都市圈和都市圈内部两个层面。在都市圈层面上，产业的升级和工业布局的重新调整极大地改善了空气质量。产城布局变化主要体现在发展第三产业，转迁大型工业基地。同时，推行功能化分区的办法，强调各个城市个性发展，促进城市群内部产业的合理分工。从三大都市圈发展的共性来看，以高科技产业和金融业等为主的第三产业成为都市圈核心区域主要产业，以制造业为主的第二产业开始向都市圈中间区域转移，实现了不同圈层之间的经济互补，提高了都市圈经济的独立性，同时也缓解了经济发展与环境污染之间的矛盾。

都市圈内部，针对因机动车辆增加产生的移动源排放问题，一方面通过疏散中心城区的人口至周边卫星城缓解中心城区人口和机动车交通量集中带来的环境压力，另一方面，通过实行城市内道路交通对策减少交通污染。例如，在交通需求管理方面，通过完善站前广场地区、设置巴士专用车道、引进巴士拍摄系统，提高公共交通设施的便利性，促进使用汽车向使用环境负荷小的公共交通系统使用的转换。在交通流量方面，完善岔路和环路等道路网络，在主要路口和铁道道口，通过立体交叉化等措施缓解交通压力；同时减少道路施工，改善道路旁停车场，减少道路停车，确保通畅的道路交通。

1980 年，日本公布《通商产业政策远景规划》，提出发展"知识密集型产业"的设想。东京都积极调整产业结构，逐步将传统制造业向外搬迁，产业结构的升级使工业污水排放大幅减少。进入 20 世纪 90 年代，在严格的排污标准和法律监管下，东京都水污染得到根本性控制，污水处理率高达 98% 以上。东京都在继续强化污染源治理的同时，对水资源的开发、利用和保护也逐渐从传统的污染防治型向更高的层次转变，提出了"3R"（即减量化、再利用、再循环）理念，并采取流域管理，将污水资源化、提高水资源利用率，建设雨水渗透设施，实现地下水涵养。

（三）城市群产城布局的环境保护关键法律法规及政策措施梳理

日本政府在城市群发展过程中对城市及产业布局进行了调整。

1957 年，日本政府颁布了《国家发展纵向高速道路建设法》以及《国家高速道路法》，在其指导下构筑形成了"三环九射"的高速公路网络，实现了轨道交通、高速公路、城市道路、地铁的协调发展。

1958 年，日本政府颁布了《第一次首都圈基本计划》，规划范围是以东京站为中心、半径为 100 km 的区域。这一计划的制订主要是为了控制城市人口的快速增长，提出的主要措施是在京滨工业区的外围设立宽度为 5～10 km 的环状绿化带。城市中心地域建设不能拓展到绿环上，新建住宅必须在绿环以外，以控制城市建设无序蔓延，保障中心区的环境质量。

1963 年，出台了《近畿圈整治法》，并据此制定了《近畿圈基本整治规划》，对大阪都市圈基础设施建设及产业发展规模进行了系统的规划。

1965 年，颁布《第二次首都圈基本计划》，弱化了对绿化带土地用途的限制。城市居民开始沿着交通线向外转移，交通线的建设也从中心向外发散式扩展，交通运输的便利化为周边卫星城的发展创造了机遇。

1966 年，出台《中部圈开发整治法》，并据此制定了《中部圈基本开发整治规划》，这使得日本东海地区经济一体化的进程大幅加快。

1976 年，制定《第三次首都圈基本计划》，其目的是改变东京都市圈单极化的发展模式，明确指出要将工业企业、居民住宅、教育科研单位等搬出主城区，改变当时东京城区存在的工作与生活分离的状况。但是这一规划的执行效果有限，没能改变原来东京都市圈一极独大的发展模式。

1986 年，制定《第四次首都圈基本计划》，明确了将东京都市圈打造为"多极多圈域"的经济区域。通过政府功能的转变和产业转移，促进卫星城功能的完善，从而实现其独立发展。

1999 年，制定了《第五次首都圈基本计划》，首次提出建立具有分散网络结构的都市圈的构想，将东京都市圈划分为东京中心部、近郊地区、内陆西部区、关东北部区、关东西部区、岛部地区 6 个区域，并分别制定了区域发展规划。在这一阶段东京城市发展逐步成熟，信息化时代的到来使得东京都市圈内部各区域之间的经济差距显著缩小，进行城市规划的主要目的转移到解决城镇化过程中产生的问题上来。轨道交通（新干线、地铁、私人铁路、有轨电车）、高速公路等交通设施的建设日趋完善。

对于京阪神都市圈和名古屋都市圈，日本政府又陆续出台了《近畿圈基本整治规划》和《中部圈基本整治规划》，针对都市圈建设过程中出现的问题提出了解决办法，为这一时期日本的基础设施建设指明了方向。在城市公共交通网络的构建方面，都市圈在完善核心区域交通设施的同时促进与边缘区域的交通网络的连接。

大气污染和水污染防治方面，关键法律法规包括：

1962—2011 年，《大气污染防治法》主要目的在于控制工厂及企业等因产业活动以及建筑物拆除等向环境中排放的污染物。

1960—2012 年，《道路交通法》防治交通公害（大气污染、噪声和振动），实施交通管制，控制流量，发布警报，减少拥堵，清查机动车规格和排放标准是否符合法律规定。

1992—2011 年，《机动车 $NO_x \cdot PM$ 法》治理大都市地域机动车尾气污染。主要措施有尾气排放控制、污染物总量控制、普及低公害车种、改善交通状况（控制流量、减少拥堵等）以及在交通干线和污染严重区域建设绿化带等。

1967—1970 年，制定《公害对策基本法》，确立了国家环境管理的基本原则，明确了废弃物处理对策为公害对策，涉及土壤污染及水污染中水质以外的水状态或水体底质的恶化。

1964 年，制定《河川法》，以流域为单元对河流进行综合管理，防止河流受到洪水、潮水灾害影响。维持流水的正常功能，在国土整治和开发方面发挥应有作用。

1958—1970 年，《水质污染防治法》制定国家排放标准，对排水控制对象作了严格的立法解释，规范工业企业和商业设施向公共水域排放污染物的行为。

第二节　国内城市群环境问题发展阶段与国际经验比较

一、我国城市群发展阶段

城市群是社会经济发展最具潜力的区域，我国大部分城市群位于经济重点开发区。众多学者从不同角度，对城市群的发育程度和发展阶段进行了广泛且深入的研究。虽然研究结果存在一定的差异性，但观点基本一致，即我国城市群的发展大致经历了三个阶段：20 世纪 80 年代的萌芽阶段、20 世纪 90 年代的快速成长阶段和 21 世纪初的持续发展阶段。改革开放初期，我国推行的区域经济合作政策打破了各地区行政边界的束缚，区域间经济协作，促进地方、行业和企业间的联系与合作，为城市群的形成奠定了最初的基础。20 世纪 90 年代，开发区的建设和产业集聚则为城市群的形成与发展打下了坚实的经济基础。进入 21 世纪，我国城镇化的发展战略和区域协调发展战略的制定与实施，有力地促进了城市群的扩张及城市群内不同城市功能定位及产业布局的调整。

根据众多学者对城市群发育发展阶段的综合分析，我国城市群可分为发展成熟和初具规模两大类。发展较为成熟的城市群包括京津冀城市群、长江三角洲（长三角）城市群和珠江三角洲（珠三角）城市群。初步形成的城市群有山东半岛城市群、川渝城市群、辽中南城市群、长江中游城市群、中原城市群、海峡西岸城市群和关中城市群（国家发展改革委国地所课题组，2014）。根据方创琳（2011）等的研究，综合测度的排序显示（表 3-2），东部地区城镇化水平较高，城市群发育程度较高。

京津冀城市群、长三角城市群和珠三角城市群位于我国东部沿海人口密集区，是发展较为成熟的城市群。区域内城镇密集，人口城镇化程度较高。我国第六次人口普查数据显示，三大城市群城镇人口比重分别为 56%、59% 和 66%，高于全国人口城镇化水平（50%）。三大城市群经济实力强，发展能力强。截至 2015 年，GDP 总和为 21.46 万亿元，占全国 GDP 的 31.3%。三大城市群在空间形态和产业结构上具有一定的相似性和差异性。

表 3-2　中国城市群发育程度、紧凑度、空间结构稳定度与投入产出效率的模糊隶属度函数

城市群名称	城市群发育度	城市群紧凑度	城市群空间结构稳定度	城市群投入产出效率	城市群发育水平的综合测度值	城市群发育水平的综合排序
长江三角洲城市群	1.000 0	1.000 0	1.000 0	1.000 0	1.000 0	1
珠江三角洲城市群	0.935 3	0.825 4	0.779 9	1.000 0	0.885 2	2
京津冀城市群	0.489 4	0.485 2	0.934 7	0.526 7	0.609 0	3
山东半岛城市群	0.309 5	0.366 2	0.718 8	1.000 0	0.598 6	4
辽东半岛城市群	0.323 3	0.361 7	0.784 4	0.667 2	0.534 2	5
成渝城市群	0.331 9	0.553 4	0.783 5	0.409 5	0.519 5	6
武汉城市群	0.312 6	0.495 9	0.663 4	0.495 6	0.491 8	7
中原城市群	0.283 8	0.384 5	0.767 5	0.501 5	0.484 3	8
环鄱阳湖城市群	0.126 6	0.161 0	0.624 4	1.000 0	0.478 0	9
海峡西岸城市群	0.348 8	0.338 3	0.410 0	0.580 2	0.419 3	10
长株潭城市群	0.200 9	0.464 6	0.435 3	0.528 2	0.407 3	11
哈大城市群	0.293 3	0.315 2	0.583 0	0.422 9	0.403 6	12
江淮城市群	0.260 2	0.441 5	0.459 9	0.394 7	0.389 1	13
关中城市群	0.282 4	0.356 4	0.566 9	0.336 6	0.385 5	14
南北钦防城市群	0.298 5	0.356 8	0.497 5	0.381 7	0.383 6	15
呼包鄂城市群	0.199 2	0.000 0	0.460 8	0.865 6	0.381 4	16
晋中城市群	0.177 5	0.261 3	0.494 8	0.562 6	0.374 1	17
兰白西城市群	0.086 8	0.119 2	0.534 3	0.745 0	0.371 3	18
天山北坡城市群	0.225 4	0.008 3	0.240 2	1.000 0	0.368 4	19
滇中城市群	0.121 1	0.130 8	0.541 1	0.667 2	0.365 1	20
黔中城市群	0.101 0	0.176 2	0.686 1	0.473 3	0.359 2	21
酒嘉玉城市群	0.000 0	0.109 9	0.000 0	0.638 2	0.187 0	22
银川平原城市群	0.131 9	0.206 9	0.329 9	0.000 0	0.167 22	23

资料来源：方创琳，2011。

空间形态上，长三角城市群和珠三角城市群城市布局呈多中心格局，一体化趋势和多核心网络化趋势明显。目前，长三角城市群已形成以"沪—宁—杭"和"苏—锡—常"为中心，周边中小城市为次级中心的

等级化城镇布局。珠三角城市群城市布局则以广州、深圳、珠海、东莞等城市为中心。城市群内部交通基础建设（如高速铁路、高速公路）的快速发展，加强了城市间和城镇间人口、物质和能量的流动，使城市群网络化格局不断深化。京津冀城市群城市布局是以"北京—天津"为核心的双中心格局，虽然其城市间联系网络化程度相对较低，但综合交通体系的不断完善将有助于城市群网络化的发展。在产业结构上，三大城市群第三产业比重高，贡献程度持续加深。截至 2015 年，三大城市群第三产业 GDP 比重均超过 50%，表明城市群已从以工业为主导的发展方式转变为以服务行业为主导的发展方式。

其余发展快速的城市群主要特征表现为以下几个方面：首先，城镇化水平总体相对较低。尤其是西部城市群，如川渝城市群，城镇化水平总体略低于全国水平。此外，城市群内部城镇化差距较大。核心城市城镇化水平较非核心城市城镇化水平高，但其辐射能力不足，城镇层级结构不健全。其次，这些初具规模的城市群经济发展活跃，但与发展成熟的城市群相比，经济规模仍存在一定的差距。例如，我国第四大城市群，即包含武汉都市圈、环长株潭城市群和环鄱阳湖城市群在内的长江中游城市群，2010 年 GDP 总量约为长三角城市群的 2/5。经济增长主要依靠第二产业，第二产业比重超过 50%。产业分工协作初具基础，但协调机制仍有待完善和深化。再如关中城市群，内部产业相似度较高。

二、京津冀城市群产城布局与城市群发展国际经验比较

（一）京津冀城市群产城布局时空特征

京津冀城市群位于我国华北平原北部，包括北京和天津两个直辖市和河北省 13 个地级市，国土面积为 21.58 万 km²，是我国继珠三角和长三角之后又一经济快速发展的地区。该区域资源丰富，工业基础良好，交通便利、区位优越，是从太平洋到欧亚内陆的主要通道和欧亚大陆桥的主要出海口，也是我国参与国际政治、经济、文化交流与合作的重要枢纽与门户。2015 年，城市群常住人口约为 9 800 万人，占全国人口总

数的 7.13%。国内生产总值为 8.29 万亿元，占全国 GDP 的 12.09%。其经济规模已超过珠三角城市群，跃居全国第二位。

改革开放以来，京津冀城市群城市扩张快速，城市群始终保持以"北京—天津"为核心的双中心城市布局。根据遥感影像的土地覆盖分类及定量统计结果，1984—2015 年，京津冀城市群建设用地面积从 11 882.5 km^2 增长至 24 387.4 km^2，增幅为 12 504.9 km^2。建设用地占国土面积比从 1984 年的 5.93% 增长至 2015 年的 11.3%。城市扩张主要集中分布于北京和天津两市（图 3-2）。

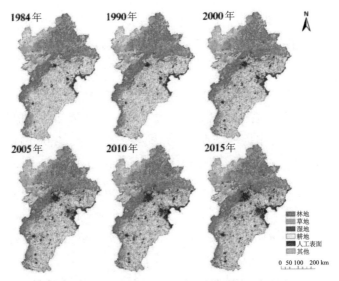

图 3-2 京津冀城市群 1984—2015 年城市空间分布及其演变

城市群产业结构在过去的 10 年间也有所调整，主要体现为第三产业比重的明显增长（图 3-3）。在京津冀城市群中，北京 2000—2010 年第三产业占比逐年增加，这与西方经济学家认为的北京的城镇化已经进入了稳定发展阶段相一致。北京的周边城市，如天津、唐山、承德、张家口和保定等，都呈现出第三产业所占比重逐渐上升的趋势，而石家庄、衡水和邢台这些非紧邻的城市第三产业比重也呈上升趋势。这与孙自铎所认为的大城市周围的城市第三产业发展相对较为困难的想法一致。通

过对唐山和张家口的经济结构进行分析，发现这些城市的第二产业在国
民生产中所占的比重呈连年增加趋势，可能与北京吸纳周边城市大量的
劳动力和资源，进而限制了周边城市第三产业的发展有关。同时，由于
工业污染的存在，北京限制了本市工业和制造业的发展，而考虑到北京
先进的科学技术和庞大的市场，北京周边的天津、唐山就成为工业和制
造业发展的沃土。

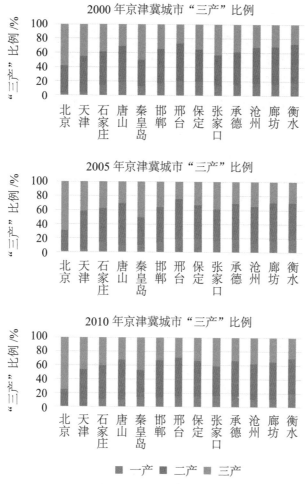

图 3-3　2000—2010 年京津冀城市群城市"三产"比例

资料来源：《中国城市统计年鉴》。

　　京津冀城市群环境问题凸显，尤其是大气污染问题，近年来成为该地区最为尖锐的环境矛盾，是目前亟待解决的问题之一。京津冀城市群大气污染已从传统的煤烟型污染转变成煤烟型和机动车尾气的复合型大气污染，主要污染物为 $PM_{2.5}$ 和 O_3。主要的污染源包括河北和天津工业发展产生的工业源；北京和天津由于机动车保有量增加产生的交通尾气源；冬季采暖能源消耗产生的污染以及河北、天津大量建筑工地施工而产生的建筑扬尘源。此外，京津冀特有的自然地理特征也与地区空气污染密切相关。夏季，盛行东南风，吹来南方的污染气流，而京津冀地势因西北和北部环山，西北地势较高，不利于夏季污染物的扩散。冬季，盛行西北风，虽然京津冀地区位于污染上风向，但是冬季采暖会产生很多本地源，同时冬季易形成稳定的气象条件，不利于污染物垂直扩散。加上西北较高的地势，加剧了空气污染物的聚集，易形成严重污染。京津冀城市群所处的海河流域污染类型复杂多样，耗氧污染是首要污染类型。污染物分为主要污染物（COD 和氨氮）、重金属（包括汞、总铬、六价铬、铅、砷、镉）和其他污染物（BOD、石油类、挥发酚和氰化物）。污染物排放空间差异显著，北部中上游地区（张家口、承德、北京、天津）废污水排放以城镇污水处理厂的生活污水为主，南部下游地区以工业废水为主。其中 COD 和氨氮在平原区域（石家庄以及北京所处的北三河水系）排放密度普遍较高；重金属、氰化物、挥发酚仅在局部区域集中排放。工业行业结构性污染突出，造纸、食品和石化是 COD 主要排放行业，占排放总量的 75%；石化、食品和皮革是氨氮主要排放行业，占排放总量的 80%；重金属主要排放行业为石化、皮革和冶金。根据污染物排放强度分布和排放结构，石家庄所处的子牙河水系是海河流域污染治理重点区域，造纸、食品和石化行业是污染负荷削减重点行业。

（二）国际经验比较

1. 美国城市群绿色发展历史对比研究

　　较之于美国东北部大西洋沿岸城市群，京津冀城市群城市空间布局中核心城市地位凸显，但缺乏中间位序的城市。北京和天津作为京津冀城市群的核心城市，无论是城镇人口规模还是用地规模都远大于区域内其他城市。京津冀城市群人口城镇化率总体上升，但区域差异明显。核心城市人口集聚效应日益强化，而中小规模城镇人口密度过低，缺乏集聚力。城市群内部综合交通体系日益完善，但交通网络化程度与美国东北部大西洋沿岸城市群相比仍相对较低。交通廊道是城市间、城镇间联系的重要媒介。目前，核心城市与非核心城市交通联系密切，但非核心城市间交通联系仍然不便，不利于非核心城市间的交流。产业结构方面，发展成熟的美国东北部大西洋沿岸城市群已完成制造业向服务业的转变，处于快速发展的京津冀城市群仍以第二产业为主，但第三产业比重有所增长。

为解决京津冀城市群空气污染问题，我国于 2015 年修订的《大气污染防治法》设专章规定了大气污染联防联控制度，以法律形式确认了大气污染联防联控机制的重要性。这一制度的理念与美国区域合作共治措施的理念相似，但对区域联防联控机制的具体实施还缺乏详细规定，尤其是针对京津冀地区不同区域内各行政区之间的协调方式、不同区域之间政府部门的协调方式和处理意见的执行等也没有做出具体规定。因此，在解决实际问题中，该制度的可操作性有待提高。

在解决水污染问题方面，我国于 2015 年同时颁布了《水污染防治行动计划》，明确规定了三个阶段递进式的水质目标指标，提出推动经济结构转型升级，优化空间布局。但是，与美国《清洁水法》相比，《水污染防治行动计划》尚缺少关于禁止某种污染物排放的相关表述，排放标准没有和水质标准挂钩。此外，《清洁水法》的核心是其中 301 章规定的实施国家统一的点源的排放限值，并通过 402 章规定的国家污染物排放消除制度（NPDES）予以落实，美国国家环保局还制定了几乎所有污染源和污染类别的排放限值导则。而我国尚缺乏具体细化且可实施的排放限值标准，无法为污染源的控制和管理提供有力依据。在排污许可证制度方面，我国关于各污染源的定位尚不明确，内容过于简单，缺乏设计。

借鉴美国东北城市群绿色发展的经验，京津冀城市群的绿色发展需加强以下三点：①完善城市群城镇体系，建立网络化结构；②落实大气污染治理的联防联控管理措施；③明确污染源排放限值，落实排污许可证制度。

2. 英国城市群绿色发展历史对比研究

城市群布局上，虽然英国伦敦都市圈的圈层结构与京津冀城市群的多中心结构不具可比性，但其工业结构及产业空间布局的调整仍具有一定的借鉴作用。工业结构方面，英国伦敦都市圈已发展至以第三产业为主的阶段。产业空间布局方面，该都市圈已形成多中心的产业网络，区域内产业分工明确。都市圈核心城市，即伦敦以金融和贸易为主，周边城市则以现代制造业、旅游业和特色服务业为主。与之比较，京津冀城市群仍处于快速发展阶段，经济增长仍以第二产业为主，但第三产业比重逐步增长。城市群内产业分工较为明确，产业分布与英国伦敦都市圈产业分布有相似之处。例如，核心城市北京以第三产业为主，周边地区北部城市以旅游服务业为主，如张家口和承德；南部城市则以工业为主，如衡水、邢台和邯郸等城市。对比城市间联系，京津冀城市群城市间经济联系还不够紧密，产业协调合作仍需加强。

环保政策及措施方面，英国针对其 19 世纪末恶劣的环境问题，首先重点关注环境公害治理。在此基础上通过治理污染源头，即调整产业结构和能源结构，从而达到解决传统工业排放污染问题的目的，如二氧化硫、煤烟排放等。对于后期出现的机动车尾气污染，通过执行更加严格的机动车尾气排放标准解决这一问题。京津冀城市群当前的空气污染问题与伦敦都市圈空气污染问题不完全相同，属于煤烟型和机动车尾气的复合型大气污染，主要污染物为 $PM_{2.5}$ 和 O_3。因此，京津冀城市群空气污染防治方面，国家在侧重产业结构和能源结构调整的同时，还应当关注机动车尾气的治理。

面对伦敦都市区和泰晤士河日益严峻的环境形势，英国于 1999 年成立了大伦敦政府，协调整个伦敦都市圈的流域污染治理，促进了都市圈内各政府间的合作治理和一体化管理，有效解决了泰晤士河的污染问题。京津冀城市群所处的海河流域的污染问题与泰晤士河相似，必须通过调整区域间的产业分工布局来实现整个海河流域的治理。此外，伦敦城市群水质的改善在很大程度上得益于环保组织、高校、私有企业等社会力量，如泰晤士河水务公司，同时还注重公众参与，而京津冀城市群的社会力量和公众参与相对薄弱。

综上所述，京津冀城市群绿色发展需重点关注以下四个方面：①进一步调整产业结构和布局，逐步减少对高污染企业的依赖，发展高新产业。②完善立法机制，严格执行相关标准。③促进区域间一体化治理，成立专门机构对区域环境事务进行具体管理。④鼓励企业参与环境保护项目，完善公众参与制度。

3. 日本城市群绿色发展历史对比研究

城市群产业空间布局上，京津冀城市群与日本城市群相似，城市产业分工较为明确。工业布局与日本城市群单个都市圈相似，主要体现在核心城市第三产业高度集中，不同城市产业分工都较为明确。例如，日本东京都市圈，制造业、化工和电器机械产业呈聚集式分布于都市圈核心的周边县区。不同点在于日本三大都市圈的产业空间分布从中心向外围呈"三二三"分布。京津冀城市群核心城市，即北京和天津两市，近年来产业布局经过调整，呈现"三二一"结构。

城市群工业结构方面，日本城市群三大都市圈行业类型和功能特色鲜明。对比京津冀城市群，区域内城市行业区分度还相对较低。例如，南部邯郸、邢台、衡水等城市，第二产业行业部门类型以钢铁冶炼为主。产业联系的一体化程度还相对较低。此外，在产业空间布局上，由于高能耗和高污染的钢铁工业主要分布于南部城市，当盛行东南风时，南方大量的工业污染废气可随风输送至北京及周边区域；加之城市群西北和北部环山，地形较高，会加剧污染物的聚集，形成严重的空气污染。

日本城市群发展过程中，针对大气污染环境保护政策与措施侧重于对工厂企业污染物排放的限制。此外，针对都市圈核心区因机动车辆增加而产生的污染，重点从人口疏导和城市交通网络布局优化两个方面，治理机动车尾气排放带来的空气污染问题。与日本城市群相比，京津冀城市群也积极地采取应对措施，如控制污染物的排放总量、调整产业结构等。尤其针对核心城市的机动车尾气排放污染，不断提高机动车排放标准；大力支持新能源和清洁能源机动车发展，如电动、天然气机动车的生产和使用；道路禁（限）行等。但是，因为核心城市人口较多，不合理的交通基础设施与道路布局导致交通拥堵严重，产生大量的机动车尾气排放。

为了从工业源头治理日本城市群的水污染问题，东京都市圈在20世纪末期开始将传统制造业向外搬迁，以减轻中心城市东京的污染负荷，与京津冀城市群现在面临的水污染防治形势相似。但日本在《水质污染防治法》中对排水控制对象作了严格的立法解释，排放标准严格，因此外迁的传统制造业仍然严格遵守排放标准，制造业分散分布后对流域的污染明显减少。我国虽然制定了详细的排放标准，但实施和监管力度不够，从北京、天津外迁的制造业仍然对河北水域造成了严重污染。

借鉴日本城市群环境问题治理的经验，京津冀城市群除需调整产业空间布局外，还应重视以下几个方面：①明确城市群内部城市发展定位，优化产业结构；②加强产业一体化发展与管理；③优化城市交通网络的空间布局，减少机动车尾气排放；④具体化水污染防治实施法中的相关规定，明确排水标准的法律性质。

三、关中城市群产城布局与城市群发展国际经验比较

（一）关中城市群产城布局时空特征

关中城市群位于陕西省中部，以西安为中心，包括西安、咸阳、渭南、铜川、宝鸡5个地级市以及华阴、兴平和韩城3个县级市。关中地处渭河中下游，以渭河平原（亦称关中平原）为主体，以秦岭主脊与陕南地区为界，以子午岭、黄龙山与陕北地区分开（图3-4）。该城市群是我国西部地区第二大城市群，该区域为陕西人口最密集地区，经济发达、文化繁荣，是我国西部地区唯一的高新技术产业开发带和星火科技产业带。

关中城市群空间结构演化具有三个特征：城市沿轴线布局、极核型结构突出、空间分布呈弱集聚性特点。目前，关中城市群呈现出以西安为中心的单中心格局。2000—2010年，城市建设用地扩张主要集中在西

安市，其余城市扩张幅度较小（图 3-5）。

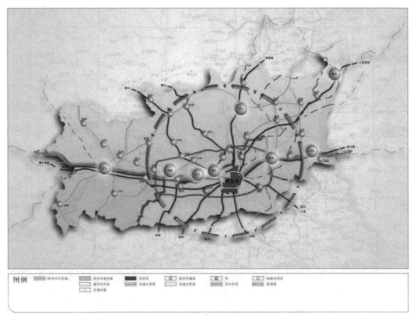

图 3-4　关中城市群空间范围及分布

资料来源：《西安城市总体规划 2008—2020 年》。

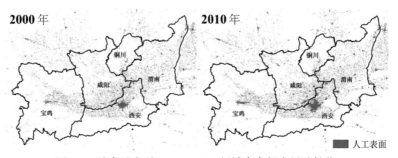

图 3-5　关中城市群 2000—2010 年城市空间布局及扩张

根据关中城市群规划，未来的城市布局发展方向可概括为"一个中心、三个次中心、两条城镇发展轴"的空间格局。以西安为中心，继续深化核心的集聚能力。培育二级城市，即发展宝鸡、咸阳和渭南，完善城镇体系。以城乡一体化为目标，依托核心城市，加快发展沿交通线分布的小城镇。

关中城市群产业发展以第二产业为主导，但内部城市产业结构略有差异（表3-3）。核心城市，即西安市，其产业结构为"三二一"形态，2000年和2010年第三产业比重超过50%。其余城市以第二产业为主，产业结构类型为"二三一"形态。产业比重空间分布主要体现为西高东低的状态。按行业类型分析，城市群第二产业主要包括能源生产与采矿业、制造业和建筑业。第三产业主要包括交通邮电、商业、金融、房地产和科教文卫行业等。目前，工业类型空间分布较为明显，如电子工业和纺织工业主要集中在西安、咸阳和宝鸡，煤炭工业集中在铜川和韩城。这也体现出区域内不同城市行业相似度较高的现状。

表3-3　2001年和2010年关中各市（区）产业结构

市（区）	年份	三次产业产值占比	产业结构特点
西安	2001	6.4 ： 42.7 ： 50.9	"三二一"形态
	2010	4.3 ： 43.4 ： 52.3	"三二一"形态
铜川	2001	10.4 ： 44.3 ： 45.3	"三二一"形态
	2010	7.6 ： 62.0 ： 30.4	"二三一"形态
宝鸡	2001	13.2 ： 47.3 ： 39.5	"二三一"形态
	2010	10.7 ： 62.9 ： 26.4	"二三一"形态
咸阳	2001	23.1 ： 41.5 ： 35.4	"二三一"形态
	2010	18.5 ： 52.2 ： 29.3	"二三一"形态
渭南	2001	24.7 ： 36.6 ： 38.7	"三二一"形态
	2010	16.1 ： 49.2 ： 34.7	"二三一"形态
杨凌	2001	14.4 ： 44.2 ： 41.4	"二三一"形态
	2010	7.9 ： 49.7 ： 42.4	"三二一"形态

资源开发型和重工业化是关中城市群工业产业的两大突出特征。能源化工、装备制造以及有色金属等产业产值占全部工业产值的80%以上，而轻工、纺织、食品、医药等轻工业发展相对滞后。从工业企业组织结构来看，大中型企业在工业经济发展中占主导作用，而中小型企业则相

对较弱。大企业带领作用不明显，工业整体实力提高较慢，形成集聚的能力较弱。虽然关中城市群已经形成了较完备的产业体系，但是城市群内部产业分工不合理，存在产业同构的问题，尤其是一级核心城市与二级城市之间，不利于关中城市群产业转移和区域产业分工合作。

伴随着关中城市群的快速发展，"城市病"问题日益突出，如大气污染问题严重。2014 年，关中城市群主要城市空气污染率接近 40%，其中，西安市污染较为严重。2013 年西安市空气污染天数占 60% 以上。在原环保部发布的空气质量报告中，西安空气质量位列倒数。环境空气质量监测结果显示，关中城市群首要污染物包括 PM_{10}、$PM_{2.5}$ 和 O_3。

该城市群空气质量的影响因素众多，主要分为人为活动和自然因素两大类。人为活动方面，快速的城镇化和工业化使能源消耗显著上升。而该地区能源消费仍然以煤炭为主，因此大量的工业排放导致严重的煤烟型污染。此外，机动车保有量的快速增长，也使氮氧化物排放量快速增长，引发夏季的臭氧污染。自然因素方面，关中城市群南部为秦岭山脉，北部为黄土高原，地形东宽西窄，形成三面环山的喇叭口地形。春季西北风盛行，且该地毗邻黄土高原，因此地面尘土颗粒细，易起扬尘，PM_{10} 浓度高。秋冬季，大气混合层高度低，由于秦岭山脉和黄土高原的阻隔，导致工业污染物 $PM_{2.5}$ 难以扩散，形成严重的空气污染。综合来看，关中城市群独特的地理位置、地形地貌以及不合理的产业空间布局，导致该地区极易形成重污染天气。

关中地区受地形影响，降水量较少且分布不均，人均用水量仅为全国人均水平的 13%，属于严重缺水地区。该地区缺水状况和人口密集、城镇集中、经济发达构成了严重的矛盾，大量工业废水和生活污水导致区域内渭河污染负荷加重和水质恶化，制约了关中地区的社会经济发展。渭河流域的主要污染物为石油类、氨氮、五日生化需氧量、高锰酸盐指数、挥发酚和化学需氧量。污染源主要为以造纸业为主的工业废水和未经处理的城镇生活污水。其中造纸业产生的废水废渣加剧了渭河以 Pb（铅）为主的重金属污染，Pb 的单项污染指数已达到中污染水平。

针对关中城市群严重的空气污染和水污染问题，陕西省政府采取了积极的环境保护措施。例如，2014 年陕西省环境保护厅在污染较严重的关中地区实施《关中地区重点行业大气污染排放标准》。2015 年实施的《陕西省大气污染重点防治区域联动机制改革方案》提出坚持区域联防联动和重点城市整治相结合、工业企业污染源治理和社会生活污染源防控相结合、多类污染物协同控制和主要污染物削减相结合。在治理水污染方面，陕西省制定了《陕西省渭河流域城镇污水处理设施建设规划》《黄河中上游流域水污染防治规划（2006—2010 年）》等。政府在产业结构的调整上采取了一系列举措，例如关停大量化学、半化学制浆造纸企业。在技术方面，督促保留的 5 家全化学制浆造纸企业建设了正规碱回收装置，20 余家无脱墨废纸造纸企业建成了废水"零排放"工程。

（二）国际经验比较

1. 与美国城市群绿色发展历史对比研究

对比美国东北部大西洋沿岸城市群，关中城市群城市布局特征主要体现为核心城市首位度较高，西安一城独大，城镇体系中缺乏中等位序的城市。此外，区域内交通网络化水平较低，城市间缺乏协作。产业结构上，关中城市群仍以工业为主，第三产业比重低且发展缓慢。针对关中城市群所处的渭河流域的污染问题，我国在《水污染防治行动计划》中明确规定调整种植业结构和布局，特别是农业用水比重较大的地方。但与美国城市群实施的水源地保护措施相比，我国仅要求适当减少用水量较大的农作物种植面积，落实措施尚不明确。

参考美国东北沿大西洋城市群的绿色发展经验，关中城市群绿色发展首先需重视优化城市群城镇体系结构，发展"一核两副、一轴三走廊"的均衡发展空间格局。"一核"即以西安为核心，"两副"即宝鸡和渭南；"一轴"即贯穿渭南、西安和宝鸡的陇海线沿线，"三走廊"指依靠主要交通线形成的次级发展带。

2. 与英国城市群绿色发展历史对比研究

关中城市群目前处于快速发展阶段，核心城市都市圈，即西安都市圈已初具规模，其产业结构已发展为以第三产业为主的"三二一"结构。

但与伦敦都市圈相比，其都市圈中心功能相对较弱，带动作用不强。科技优势未能形成高新技术产业、影响周边城镇的工业扩散，导致其发展缓慢。此外，关中城市群产业以重化工产业为主，且多为传统型工业。例如，咸阳、铜川和渭南等以发展电力、化工、水泥、钢铁和焦化等高能耗企业为主，大量燃煤的使用加剧了空气污染。

针对关中城市群扬尘及工业燃煤等造成的空气污染问题，陕西省制定了重点行业大气污染排放标准，旨在从源头控制污染物的排放。尤其针对火电、水泥、炼焦、钢铁行业，以及燃煤锅炉的大气污染物排放，规定限值，并对环保设施的投产使用加强管理。英国在1876年的《河流防污法》中要求下水道污水与工业废水需经河流局同意后方可排入河流，赋予了监管部门极大的权力。关中城市群在渭河流域治理方面，已经从污染重头造纸业着手，关停污染严重的小型造纸厂。但相较于伦敦都市圈的泰晤士河治理而言，治理力度不够，监管部门难以对企业进行约束。

借鉴英国伦敦都市圈的绿色发展，关中城市群绿色发展首先需对产业结构进行调整。其次，需提高核心城市的影响力，促进产业分工与协作及产业创新发展。此外，在环保管理措施上，需严格遵从排放标准，从源头控制污染物的排放。

3. 与日本城市群绿色发展历史对比研究

比较日本城市群的绿色发展历史，关中城市群各城市产业结构趋同问题较为突出，行业互补性较弱。例如，渭南和铜川均集中发展采矿业，西安、咸阳和宝鸡集中发展电子工业和纺织业。产业同质化程度较高，不利于城市群产业升级及一体化的发展。

关中城市群的农业面源污染严重，与20世纪60年代日本的农业污染问题相似。当时日本政府在水源地实行了世界上最为严格的环境标准，与健康有关的指标提高了10倍左右。同时推出了环保型农业发展模式，对环保型农户实行硬件补贴、无息贷款支持以及税收减免等优惠政策，有效调整了种植业结构。而关中城市群种植业的环保技术、基础设施尚未落实，政府应大力支持环保农业，在水源地范围实行严于全国的污染物排放标准，推动环境基础设施建设。

因此，借鉴日本沿太平洋城市群绿色发展经验，首先，关中城市群的绿色发展需要根据不同阶段和需求，明确不同城市主导产业及功能定位，合理规划产业布局，进一步优化产业结构。其次，关中城市群需调整其经济发展模式，从粗放型模式向集约型模式转变，加快产业的升级。此外，关中城市群针对机动车尾气污染的管理相对较弱，而随着城镇化的发展，机动车辆增加呈必然趋势。因此，关中城市群在发展过程中可借鉴日本经验，一方面合理疏散中心城市人口至周边卫星城，另一方面可通过合理布局城市内的交通网络、实行有效的管理措施以减轻交通污染。

第三节 结论与政策建议

通过对比和综合分析国际上几个典型的发展相对成熟的城市群的绿色发展经验，可以发现，城市群环境问题的解决与产城空间布局的优化、产业结构和行业部门的调整以及环境治理和保护的政策法规密切相关。我国城市群的绿色发展，不仅需要借鉴这些经验，还需要根据我国城市群发展的特点，有针对性地采取相应对策及环境保护与污染防治措施。针对现阶段我国城市群的发展特点和所面临的环境问题，借鉴国际城市群的发展经验，提出以下政策建议。

一、培育大中小规模适度的城市，完善城镇等级结构体系

我国城市发展比较普遍的一个问题是同质化现象严重，城市之间的恶性竞争多、分工协作少，在城市群内部也存在类似的问题。同时，城市群城市之间发展水平存在较大差异，核心城市的辐射带动功能不足。我国不同城市群总体上城镇等级结构体系问题较为明显。因此，需进一步完善城市群城镇等级结构体系，培育大中小搭配、规模适度的城市群体系，发挥城市群核心城市的带动作用，促进区域内不同规模城市的发展，

加强城市间、城镇间的经济联系，为产业结构的优化提供基础。

二、优化产业结构，加快产业升级，建立行业协调体系结构

我国环境污染问题的产生与恶化，与产业结构及工业发展方式显著相关。因此，城市群绿色发展需摆脱高污染、高能耗和高排放的粗放型发展方式，优化与升级产业，探索集约型的发展方式；城市群产业布局应该协调、统筹，形成城市间相互支撑和互补的城市群产业结构和空间布局。同时，城市群内部城市的产业结构和空间布局应该充分考虑城市群生态环境与资源承载能力，因地制宜。

三、优化城市群与城市空间结构

通过城市群产业和城市间轨道交通的合理空间布局，实现产业和人口在城市和城市群两个尺度上的合理分配，防止城市中心城区人口的过度密集和城市的无限扩张。此外，合理规划城市内部结构，尤其是城市交通系统，减少交通带来的能源消耗。

四、强化城市群区域生态环境的一体化管理

环境保护与管理不仅要从源头上控制污染排放，还需突破城市行政区域边界，落实区域一体化整治与管理。一是突破城市行政区域边界，划分管理区，落实区域联防联控机制；二是针对水污染问题实行流域一体化管理，统筹控制排放源，制定以水体为中心的区域性污染防治体制；三是建立和完善区域环境一体化管制的法律法规体系和科学完备的实施机制，并严格执行；四是通过建立公民诉讼制度，积极发挥环保团体和司法机关的作用。

第四章 城市固体废物管理与"邻避效应"破解对策研究 *

第一节 固体废物的处理处置

一、国内外固体废物处理处置总体情况

（一）控制固体废物跨境转移的国际公约

为应对世界范围内日益增长的危险废物的国际运输问题，联合国环境规划署于 1989 年 3 月 22 日在瑞士巴塞尔召开了"制定控制危险废物越境转移及其处置公约"的专家组会议和外交大会，签署了《巴塞尔公约》。该公约于 1992 年 5 月 5 日开始生效，同日对我国生效。截至目前，全球已经有 180 个国家批准了该公约。该公约是严格管制危险废物及其废物的越境转移，并责成缔约国确保（特别是在废物处置阶段）环境无害管理的第一个，也是最重要的全球性环境条约。

《巴塞尔公约》序言提出，危险废物的越境转移应当减少至与环境无害管理相符合的最低限度。这与危险废物的源头削减以及环境无害管理一起构成公约的最基本宗旨。为此，《巴塞尔公约》对危险废物及其他废物的越境转移进行了严格规定，为缔约国施加了确保危险废物的环境无害管理（特别是它们的处置）的种种义务。

适用范围方面，《巴塞尔公约》适用于其所界定的两大类废物。第一类"危险废物"是指公约附件一中所列举的 45 类废物和缔约国国内立法视为的危险废物，但不包括在公约附件一中的危险废物。公约附件一

---

* 本章由刘妍妮、冯悦怡、国冬梅撰写。

中所列废物可分成两类。前 18 种废物是某个特定加工过程的副产品，包括源自医院的医疗服务、药品生产、涂料生产及摄影化学物品生产过程中产生的废物。另外 27 种废物种类特征明显，因为其具有某些组成要素。这包括诸如含有铜或锌复合物、砷、铅或水银等物质的废物。第二类"其他废物"是公约附件二所列明的从住家收集的废物，以及从焚烧住家废物产生的残余物。但受其他国际法律文件约束的放射性废物和船舶正常作业而产生的废物被《巴塞尔公约》排除在外。

公约为进出口国之间危险废物的越境转移以及过境国此类货物的转移设定了详尽的程序，其核心就是确立了"事先知情同意"（Prior Informed Consent， PIC）制度。根据公约，假使出口国和进口国之间发生转移，将运用如下程序：首先，出口国应将危险废物或其他废物任何拟议的越境转移以书面形式通知，或要求产生者或出口者通过出口国主管部门的渠道以书面形式通知有关国家的主管部门。出口国必须列明包括出口的理由、出口者的姓名、产生者、产生的地点、预定的承运人、出口国、过境国、进口国、运输方式、包装种类、数量、废物产生过程及处置方法等的信息提供给进口国。进口国应在收到 60 天内以书面形式答复通知者，表示无条件或有条件同意转移、不允许转移或要求进一步资料。出口缔约国在得到进口国的书面同意，并且有证据表明存在一份详细说明有关废物的环境无害管理办法的协议之前，不得开始废物越境转移。当危险废物在由过境国转往进口国途中，过境国也有权适用事先通知同意原则要求了解被通知关于转移的事项，并可同意转移、不允许转移或要求进一步资料。出口国收到过境国书面同意之前，不准许开始越境转移。另外，越境转移的废物必须按照普遍承认的国际规则和标准包装、贴上标签与运输，还必须考虑相关的国际惯例。

（二）发达国家出口固体废物动机

固体废物贸易移动的主要线路是从北美、欧洲、亚洲等工业化国家流向亚洲、拉美等不发达国家和地区。美国、欧盟、日本等国是主要的废物出口国，而中国、印度、越南和非洲各国则是主要进口国。2008—

2010 年，"巴塞尔行动网络"对 179 个由北美输出的电子废物集装箱进行了追踪，结果表明北美 96% 的电子废物抵达了亚洲。根据美国有关环保组织发表的报告，美国西部"回收"的电子零件中，有 55% ～ 75% 运到了包括中国、印度在内的亚洲国家，美国也是唯一一个没有签订《巴塞尔公约》的发达国家。

发达国家对一般垃圾的处理成本很高，对于这些废物的处置，受到比发展中国家还多的约束，比如其国内人力成本、土地资源、公众的环保意识、环保法规等因素。对于可以机械化操作的废料一般限制出口，而手工作业——拆解和分选对于再生资源的回收常常是必不可少的，大规模机械化操作有时并不适宜。在发达国家，每吨危险废物的处置费用需要 100 ～ 2 000 美元，而某些发展中国家仅为 25 ～ 50 美元。而且，出口商向其他国家出口还可以再收费，以赚取"差额利润"。

尽管发达国家一般会给垃圾处理商大额补贴，但有几个原因促使其在他国处理废物。首先，生产国的规定可能使处置有困难，包括相应的处置能力及严格的环保法规。其次，即使操作符合其国内法，但出口处理成本较低，可以廉价存放废物于进口国。最后，如果一家跨国企业可能有一个处理危险废物的外国子公司，它将倾向通过外国子公司进行处理和处置。

例如，我国垃圾处理补贴费低廉，位于山东菏泽的某一垃圾发电厂，处理费仅为 10 元 /t，而美国国内垃圾处理平均标准为 56 美元 /t（约合人民币 372 元 /t）。因此，众多企业将自产垃圾转售给本国的垃圾处理商，垃圾处理商由于本国高昂的垃圾处理成本将垃圾转售出国，并收取垃圾处理的政府补贴赚取巨大利润。

（三）我国及发展中国家固体废物进口问题

我国作为固体废物的主要输入国，生态环境安全正遭受严重的威胁。2015 年 5 月联合国环境规划署（UNEP）发布的《垃圾犯罪、垃圾风险：废物部门的差距与挑战》报告显示，全球每年产生 4 100 万 t 电子垃圾，而其中被非法交易或倾销的电子垃圾（其价值约为 190 亿美元）比例高达 90%。2017 年，全球电子垃圾总量增长至 5 000 万 t。加纳、尼日利亚、中国、巴基斯坦、印度和越南等亚非国家正逐渐沦为非法电子垃圾的回收站，造成严重的环境污染，加大了社会治理成本，在一定程度上"得不偿失"。

为防止境外废物非法入境，环境保护部、商务部、国家发展改革委、海关总署、国家质检总局于 2011 年联合发布《固体废物进口管理办法》，对进口固体废物国外供货、装运前检验、国内收货、口岸检验、海关监管、进口许可、利用企业监管等环节提出具体要求，进一步完善进口固体废物全过程监管体系。2017 年 7 月 27 日，国务院办公厅印发《禁止洋垃圾入境推进固体废物进口管理制度改革实施方案》，明确提出主要目标，即 2017 年年底前，全面禁止进口环境危害大、群众反映强烈的固体废物；2019 年年底前，逐步停止进口国内资源可以替代的固体废物。

但是，尽管国家颁布的《禁止进口固体废物目录》明令禁止进口废弃计算机类、家用电器以及通信设备等电子垃圾，国际条约《巴塞尔公约》规定，禁止以任何理由从发达国家向发展中国家出口有害废物，大量的电子垃圾仍通过非法途径流入发展中国家。固体废物走私形势难以遏制的主要原因：一是利益驱使下走私企业和个人增多、走私手段不断翻新、路径日趋多样；二是由于我国相关产业内在问题以及我国人口众多、收入消费结构多样导致需求巨大；三是我国相关产业内部在技术创新、制度监管等方面存在问题。

多数发展中国家由于经济发展需求并不禁止合法的废物贸易，此类贸易不仅能够使其从废物中获得一定的资源（如废纸、废铁等加工后再利用），还能增加就业机会。但是，由于巨额利润的存在和国内法律漏洞、监管不力，非法的废物贸易也随之产生。废物买卖双方均有利可图，利益链至今尚未断绝。据悉，一般只需几十元就有可能非法进口 1 t 废物——可见成本之低。待其入境后，如果分选出废塑料瓶如可乐瓶、矿泉水瓶，国内售价达每吨 4 万元以上，即使是废旧报纸，每吨也可卖到 2 000 元以上。例如，在广东陆丰碣石镇，倒卖国外进口垃圾服装的商户曾有上万家，年销售量达上亿件。

多年来，我国固体废物走私已形成一个由国外供货商、中间商、收购商组成的灰色利益链条。供货商，即国外垃圾出口商从当地收集垃圾，收取政府垃圾处理补助，再将垃圾装船转卖给中间商。中间商联系好国内的买家，将垃圾偷运入境。最终买方收购这批入境的垃圾，将其送入工厂进行回收处理。国外供货商的利润来自国外政府部门的垃圾处理补贴；中间商转手销售垃圾可获取直接利润；国内进口商的利润来自对进口垃圾分拣销售后的利润。

二、发达国家废物管理的情况

（一）欧盟

欧盟作为当今世界上具有重要影响的区域一体化组织，为保护生态环境，促进经济、社会和环境可持续发展采取了一系列实践行动，在控制固体废物跨境转移上为我国提供了有益参考，主要包括：

1. 相关法律规定得到严格执行

1984 年，欧共体理事会通过《关于危险废物越界转运的监督管理指南》，规定废物所有者在计划越境转移废物之前，必须在一定期限内向进口国提供有关废物的样品，并注明废物的成分及来源。作为废物的进口一方，必须证明在不危及生态安全的前提下有足够的技术条件来处理将要进口的废物。欧共体成员国向非成员国转移废物时，不仅要得到非成员国的明示同意，而且必须使用正式的通知程序。接到通知后，废物进口方的主管部门应该以规定环境保护和公共健康安全的法律法规为依据，做出认可或拒绝进口废物的不同决定。欧共体成员国不得向任何采取禁令的国家出口有害废物。

2. 责任界定明确

欧盟责任规定严格，有关环境损害赔偿立法包括立法性质、责任基础、赔偿范围等方面，立法比较健全。欧盟委员会制定《通过刑法保护环境公约》后又通过了《关于通过刑法保护环境的指令》，这是欧盟通过的第一部有关环境刑法的法律。欧共体在 1973 年开始制定产品责任规则工作，1985 年通过了《关于产品责任的第 85/374 号指令》，后又通过了《罗加诺公约》《欧洲议会和欧盟委员会关于预防和补救环境损害的环境责任指令》。对污染者的责任做出严格规定，不仅要赔偿有关人员和财产损失，还要对受污染损害的自然环境进行赔偿。欧盟对电子废弃物的管理可以追溯到 1990 年，欧盟各国先后颁布了电子废弃物管理法、《废旧电子电器回收法》和《欧盟电子废弃物管理法令》，并颁布了两项强制性技术法规《关于报废电子电器设备指令》和《关于在电子电器设备中禁止使用某些有害物质指令》。这就要求生产厂商必须在生产之初把环境因素考虑进去，并且需要负责废弃电子产品的召回和资源回收处理。

3. 充分利用经济手段

有些欧盟成员国严格执行环境法和落实欧盟的要求，有些欧盟国家则采取相对宽松的执行标准，所以欧盟在此基础上提出了"适当性原则"，要求贸易损失与环境效益相平衡，灵活协调成员国之间的环境标准。现在各成员国对命令和控制的依赖越来越小，更多的是采用经济手段。

4. 加强国际合作

欧盟控制固体废物跨境转移主要从污染物的控制和污染转移途径控制出发，对固体废物跨境转移的控制体系主要包括危险废物控制与管理制度、危险化学品的国际法律制度、放射性物质的国际法律控制、废物的越境转移及生物技术污染的国际法律控制。

（二）日本

日本是《巴塞尔公约》的缔约国，对于国内固体废物的管理主要依据两部法律，第一部是 1970 年制定的关于固体废物处理的《废物处理法》，第二部是根据公约制定的《巴塞尔法》。日本将废物分为无利用价值的废物和可以循环利用的废物，当然鉴于各国对固体废物的不同分类，一些日本认为无利用价值的废物在其他国家则被认为有利用价值，比如废铜类固体废物在日本根据《废物处理法》规范处理，而在中国，废铜则被认为是可以被进口的固体废物。

日本的《巴塞尔法》主要规范有循环利用价值，但具有一定危险性的固体废物，该法对这类废物的进出口进行管理。日本的《废物处理法》中，包括产业废物和一般废物两个大类。产业废物是指伴随产业活动产生的废酸、废碱、废塑料等。而一般废物则是指生活垃圾和电器制品及家具等。所以从广义上看，日本对固体废物的分类主要有三类：产业废物、一般废物和《巴塞尔法》规定的可以循环利用但具有危险性的废物。值得注意的是，对这三类不同废物，确认出口的监管机构不同，产业废物和一般废物的监管机构是环境省，而可循环但具危险性废物的监管机构是经济产业省和环境省，该类危险废物的出口首先需获得经济产业省的审批，再获得环境省的同意方能出口，也体现了日本在立法时对第三类可循环利用但具危险性废物的重视。

日本作为发达国家，利用自身的技术和资金优势，尽可能降低固体废物和危险废物对国内环境的影响。在日本，固体废物主要有以下转移方式：一方面，固体废物本身具有可利用性，日本国内认为的无价值固体废物可以出口至其他国家循环再利用，进而获取经济收益；另一方面，日本尽可能淘汰落后的技术，降低危险废物的产生量，从而减轻国内环境的污染。危险废物有三种转移方式：一是直接出口，将危险废物直接出口至发展中国家，或者与日本定有双边协议的国家，日本是《巴塞尔公约》的缔约国，每年出口的危险废物数量较少。随着发展中国家发生的危险废物污染环境事件日益增多，发展中国家也普遍在立法上开始对危险废物重视起来。《巴塞尔公约》中提到的危险废物包括18种医疗废物、农药废物等危险废物，27种含汞、镉等有害物质的危险废物以及14种具有爆炸性、易燃性、毒性的危险废物。二是将采用落后工艺制造商品、且容易产生危险废物的企业迁至发展中国家，比如，日本国内已经不再制造显像管电视机，而是将这类厂房迁至东南亚国家。三是直接在其他国家建造固体废物再利用工厂，将危险废物造成危害的可能性降到最低，但这也对发展中国家的生态环境构成了一定威胁。

（三）美国

1. 立法管制

美国对固体废物进口监管没有制定专门的法律法规，主要的法律依据是现行的《资源保护和回收法》和《联邦环境法典》。虽然美国至今尚未加入《巴塞尔公约》，但对固体废物的管理也和其他国家一样，采取严格控制和管理，并且在很多方面要做得更好。《资源保护和回收法》对固体废物的定义和范围规定得比较明确，列举了不属于固体废物的情况，确立固体废物排除制度，并重点关注固体废物的产生源，致力于建立从产生到消亡的全过程监督管理体系。对于固体废物的进出口，则要求其必须遵守《资源保护和回收法》中规定的条款。

《联邦环境法典》强调固体废物的管理过程，即固体废物的处置、贮存、处理利用等，同时也列举了一些固有的属于固体废物的物质，例如在法典中列举了 19 类固体废物，这 19 类废物根据产生源的不同可以分为丧失原利用价值的固体废物、生产过程中产生的副产物类固体废物、环境治理过程中产生的固体废物和其他类固体废物四类。另外，还列出了判断一种物质的固体废物属性要考虑的情况，这对固体废物的初步判断具有很重要的参考价值。

2. 经济手段制约

环保经济措施的应用市场手段已成为执行环境法和政策的方法之一。美国是世界上最早采用排污交易制度的国家，特别注重采用排污交易等经济措施使污染者付费，而理想的排污交易制度会促使排污者提高技术，以便将节余的额度出售。此外，政府为鼓励治理污染和采用先进工艺，积极运用环境税、环境基金、低息贷款和补贴等多种财政手段来引导企业。

3. 环境责任制度严格

美国在 1980 年颁布的《综合环境反应、赔偿与责任法》，规定设立"危险物质信托基金"，在找不到责任者或确定责任耗时过长时，可用信托基金支付迁移和补偿费用。根据该法，责任者要承担严格、连带和溯及既往的责任。当普通法对某种损害行为不能提供充分的救济时，当事人便可寻求禁制令来进行补救。

三、我国香港特别行政区固体废物处理处置情况

（一）管理体系及机构

香港是我国固体废物贸易的主要中转站，约占我国经第三方中转固体废物贸易的 3/4，2013 年第一季度，经香港转口的固体废物达 46.2 万 t，占我国进口固体废物的 3.8%，增长 7.4%。目前香港不断加大固体废物进出口管理，形成完善的废物进出口管理体系，极大地提高了进口固体废物的管理成效。香港地区将固体废物分为两大类：可以循环利用的非有害的固体废物和危险废物，同时设立比较严格的许可证制度。对于仅在香港地区转口的固体废物，当地采用豁免许可证制度，仅需在转口前向环境保护署报告即可；对于在香港地区转口，但需要卸货的危险废物，则必须持有环境保护署签发的进口许可证和出口许可证；而对于可以循环利用的固体废物，则仅需获得环境保护署的进口许可证即可。香港地区对固体废物的分类也采取目录制度，如果进口的固体废物属于列表之外的废物，则一律被视为危险废物。香港也是《巴塞尔公约》的缔约地区，进出口固体废物的主要依据是《废物处置条例》。该条例规定的目录制度采取附表的方式，即可以循环利用的非有害废物、危险废物均列入该法规的附表。

香港地区负责固体废物管理的主要机构是环境保护署。环境保护署依据《巴塞尔公约》和《废物处置法》，主要负责以下固体废物管理职能：①制定固体废物跨境转移的管理法律，即设置总体性固体废物管理政策和管理制度；②负责具体的固体废物进出口的执法，对于可能对香港地区造成环境污染的固体废物采取严厉的执法措施；③处理地区性的环境污染方面的问题；④设置固体废物进出口管理目录，并依照形势的发展，对管理目录进行修改；⑤对固体废物管理的技术进行革新和研究。这些管理职能基本涵盖了废物进出口可能对香港环境产生的影响。香港地区

负责固体废物进出口管理的主要是本地办公处首席环境保护主任和环境保护署废物政策助理署长。同时，香港地区将固体废物管理的地区分为 6个分区，每个分区都设置了污染管理的办事处，办事处一旦发现固体废物污染环境的事件则需立刻向环境保护署报告。同时，香港的海关和地区警察也会介入到固体废物进出口的执法中。

（二）执法体系与进出口现状

香港环境保护署对固体废物非法转运进行了严格的执法。执法的方式主要为三个步骤：①对非法装运的货物进行侦查。充分利用装运前检验检疫制度，从源头上防止固体废物非法装运。②对可能非法装运的货物进行调查。③一旦发现进口者进口夹带危险废物至海关，则在充分收集证据以后对进口者进行处罚和起诉。香港环境保护署同时与出口国政府建立密切的固体废物进出口交流制度，加强与当局之间的联系。出口方一旦发现出口商的不法行为，也将及时向香港环境保护署汇报情况。依照《巴塞尔公约》的规定，如果香港地区的相关执法部门在发现危险废物入境嫌疑时，在检验后，需依照公约将废物退回到出口国或者地区，出口商不明的，则需退回至承运人处，从这点来看，公约也极大程度地防止了危险废物污染的产生。环境保护署还同主要的贸易伙伴交换出口抽查信息和检验检疫信息，这些信息包括船只的名称、货柜的编号、开船时间等，这些信息都能使环境保护署及时了解固体废物转移的具体情况，掌握进口固体废物的主动权。

香港地区人多地少，且固体废物贸易主要以转口为主，本地从事固体废物加工的产业极为少见，且一些加工企业的技术水平不高，这就导致了香港地区内部产生的固体废物多数需要转移到其他国家和地区。香港的固体废物的出口主要以废弃塑料、废纸和有色金属为主，这部分固体废物的出口占到了总出口量的 95%，剩余的出口主要以电子设备、废弃木材和废玻璃为主。香港和大陆地区也建立了固体废物贸易的合作关系，主要以大陆的华南地区的废塑料和废金属为主。香港地区总体上不进口任何的危险废物，只从事危险废物的转口贸易，虽然香港是固体废物的转口地，但是一些危险废物也不能在香港地区转口。

（三）与相关部门紧密合作

自 1996 年香港地区设置固体废物进口许可证制度以来，环境保护署和海关建立了很强的执法体系。每年查处的危险废物过境事件多则几百起，少则几十起，这些危险废物主要是电子废物，查获的这些废物全部退回给出口国或者承运人，这些非法转口的货物主要来自北美洲、亚洲和大洋洲，随着执法力度的加强，每年非法过境香港地区的危险废物事件也在不断地减少。由于每年过境香港的固体废物数量巨大，所以环境保护署也颁布了一系列导则和指引，比如《"绿色废物"进口商、出口商和贸易商的一般指引》和《进出口含有害零件或成分的废电器及电子用品及废电器的指引》，这些指引可以明确固体废物的定义，对进出口商的贸易行为起到指引作用。从 2007 年开始，香港环境保护署和海关一同制订了"有害废物的策略管制计划"。该计划主要是对非法装运的货物加大侦查力度，建立比较全面的情报网络，由于这些情报分享和风险评估措施，非法装运现象也在不断降低。

四、政策建议与结论

一是建立科学的责任界定和全程跟踪管理体系。建立进口固体废物目录、固体废物鉴别机制等配套措施并进一步细化，明确定义、内涵和外延，依托信息技术和先进科技手段，学习台湾地区经验，建立全过程跟踪、溯源管理体系，严格、科学界定责任，以便于各监管部门在固体废物进口处监管；建立退运保障机制，进一步明确退运责任人；针对退运执行机制，建立后续跟踪制度，防止退运人隐瞒情况。

二是通过综合经济手段控制固体废弃物进口。建议通过建立复合环境税税收制度（即采用多种手段协调配合），从源头上控制跨国污染转嫁，尽可能消除跨国污染转嫁的经济利益驱动力；建立固体废物处置专项基金，对需要实施退运但无法确定责任人的固体废物，或因其他特殊情况无法进行综合利用或无害化处理的固体废弃物进行处理。

三是加强多部门环境监管执法。建议建立质检、环保、海关等多部门协调机制和信息共享机制，明确各方职责任务，监督管理过程中出具的执法结果相互承认并作为办案依据，将固体废物进口利用企业的资质认定、许可证管理、检验检疫、海关查验等监督管理环节全部串联起来，形成闭合的监管链条；建立环境信用评价制度，将环境违法企业列入"黑名单"，通过信用信息公开和共享，形成跨地区、跨部门、跨领域的联合激励与惩戒机制，落实连带责任。

四是加强国际合作。利用现有多边、双边国际环境合作机制，加强与美国、日本、欧盟等发达国家（地区）在固体废物跨境转移问题上的沟通与信息共享，进一步建立和完善事先通知制度、预防措施、退运机制、检验检疫制度等保障措施，共同打击固体废物非法越境转移。增强环保技术与产业国际合作，提升固体废弃物的处理技术流程及对危险废物的鉴别检测技术水平，加大对废物进口管理的支持力度。

第二节　垃圾焚烧处理的国内外经验借鉴

近 10 年来，我国的垃圾焚烧基础设施建设发展迅速，成为我国生活垃圾无害化处理的主要技术之一。2006—2015 年，我国生活垃圾焚烧处理量从 1 138 万 t/a 增长到 6 176 万 t/a，生活垃圾焚烧处理率从 8% 增长到 32%。《"十三五"全国城镇生活垃圾无害化处理设施建设规划》进一步提出，到 2020 年我国的城市生活垃圾焚烧处理能力占无害化处理总能力的 50% 以上，其中东部地区达到 60% 以上。可以预见，在国家层面的大力推动下，我国的垃圾焚烧厂建设在"十三五"期间仍将迅速发展，成为全球生活垃圾焚烧处理率最高的国家之一。

一、国内外垃圾焚烧设施建设情况分析

（一）国内外垃圾焚烧设施建设情况

世界银行 2012 年的研究报告显示，生活垃圾焚烧处理是全世界第三大主要处理技术，其中高收入国家和城市的生活垃圾焚烧处理率达到21%。

德国：欧盟 2005 年通过法案，要求禁止原生垃圾填埋［进填埋场垃圾的总有机碳（TOC）需在 5% 以下］，因此德国等欧洲国家近几年的垃圾焚烧比例有所提高，德国 2010 年垃圾焚烧处理率为 20% 左右，目前有66 座垃圾焚烧厂投入运行。德国首都柏林的垃圾焚烧处理率为 54%，慕尼黑市也有日处理量达 1 600 t 的生活垃圾焚烧厂。

美国：美国的生活垃圾焚烧处理比例在 1990 年以前也曾快速增长，但是到 1990 年以后美国全国生活垃圾焚烧处理比例一直稳定在 12% 左右（不含回收为 16% 左右）。美国的生活垃圾焚烧厂主要布局在东部沿海发达地区，如新英格兰地区、新泽西州、纽约州等（焚烧率均在 30% 以上），属人口相对稠密的地区；另外，夏威夷州和佛罗里达州的垃圾焚烧率也相对较高，这可能与当地游客数量较多有关。

日本：由于土地资源紧缺，日本是全世界生活垃圾焚烧处理率最高的国家之一。1980 年前后日本建有约 2 000 个垃圾焚烧厂，垃圾处理率在 90% 以上；1990 年以后，日本的垃圾焚烧设施数量和比例都有所下降，1995—2014 年的生活垃圾焚烧处理率为 73% ～ 75%，设施数量下降至 1 200 个左右。近年来，受人口减少和垃圾回收率提高等因素影响，日本部分生活垃圾焚烧设施的原料缺口较大。日本国立环境科学研究所正在开展研究，拟对现有的填埋设施进行整合（如 2 个焚烧厂，关停 1 个，运行 1 个）以提高焚烧设施利用率，降低运营成本。

（二）我国垃圾焚烧设施建设规模建议

从垃圾处理方式来看，焚烧无疑是我国城市生活垃圾处理不可缺少的主要方式之一，尤其是在土地资源稀缺的城市，焚烧处理可以成为最主要的垃圾无害化处理方式。但是，从全国平均生活焚烧处理率来看，我国目前已经超过了美国、德国等发达国家，也超过了世界银行报告中高收入国家的平均水平（21%）。另外，《"十三五"全国城镇生活垃圾无害化处理设施建设规划》中对新疆、青海、甘肃、云南、贵州等人口相对稀少、经济欠发达的省份也规划了 25% 以上的垃圾焚烧处理比例。更为严峻的事实是，随着我国对农村生活垃圾治理工作的重视，目前已有不少企业打着"热裂解"等新技术的旗号，在县、乡镇甚至是村庄生活垃圾处理中使用垃圾焚烧技术，该项技术未来可能给环境污染排放、经济可持续运行带来隐患。因此，生活垃圾焚烧设施建设需要在更为理性、全面的评估后推进。

二、国内外垃圾焚烧处理经验

（一）运营机制

德国垃圾焚烧厂的主要运行模式是完全由政府运行管理，即地方政府独资拥有，公司完全按市场化运作，政府除提供启动资本，减免其 19% 的企业增值税之外没有额外的资金投入与财政补贴，公司独立核算、自负盈亏，每年还要将公司自有资产的 6% 上缴政府。

美国的固体废物行业中公共部门占 56%，私营公司占 44%。在私营公司中非上市公司占 99.8%，上市公司占 0.2%。

日本的垃圾管理以政府主导为主，垃圾处理厂的建设资金和运营费用全部由财政承担，对于新建的大型垃圾处理设施，中央和地方政府投资分别占 50%。此外，日本废弃物管理的总体成本很高，约有 3/4 来自一般财源，另外 1/4 来自特定财源。

综上所述，德国、美国、日本等国内外地区垃圾焚烧厂建设投资均以政府为主，其中部分国家或城市的后续运营结合了参与式管理，政府部门允许民间和外来资本的流入。目前国内垃圾发电运营商以 BOT 模式运营为主，即私营企业在政府的许可权协议下参与投资、建设、运营与维护。特许经营者通常资金短缺、抗风险能力不强，且在运营期间主要目的是盈利，没有真正地促进垃圾围城困境的改善。从垃圾焚烧工艺来看，2014 年我国建成的垃圾焚烧发电厂中，采用炉排炉设施的有 106 座，占 60% 左右；流化床焚烧炉约占 40%（该工艺在垃圾热值不足的时候，需要添加燃煤以保证设备正常运行）。此外，从垃圾焚烧厂的投资成本来看，目前我国采用炉排炉工艺的垃圾焚烧电厂每吨投资成本稳定在 40 万～ 52 万元，日本为每吨垃圾 52.5 万～ 65 万美元，我国单位造价成本远低于其他发达国家平均投资水平。在此背景下，政府需要在资金上给予扶持，因而 TOT 模式是适用的，待垃圾处理行业发展到一定程度，再逐步采用 BOT、BOO 等多种经营方式。

（二）运行成本

日本的生活垃圾焚烧厂运行成本为 4.5 万日元 /t（约合人民币 2 700 元 /t，含运费），美国生活垃圾焚烧厂的平均运行成本为 40 美元 /t（折合人民币 280 元 /t，不含运费），欧洲的生活垃圾焚烧厂的运行成本为 125 欧元 /t（约合人民币 975 元 /t，不含运费）。

而我国生活垃圾焚烧平均中标价格为 80 ～ 120 元 /t，远低于欧盟、美国、日本生活垃圾焚烧厂的运行成本。同时，我国垃圾焚烧厂执行的污染排放标准已和欧美国家接近。在垃圾分类方面，我国低于发达国家，尤其是西部地区和中小城市，也就是说达到同样的标准，我国的垃圾焚烧处理和烟气净化难度更大。另外，2014 年以来我国出现了多次垃圾焚烧低价中标的案例，中标价格 18 ～ 48 元 /t（山东、安徽、重庆、浙江等地），引发业内关注。垃圾焚烧的运行费用过低势必会造成运行效果下降，带来环境污染隐患。

（三）收费机制

德国普遍按垃圾容器收费。如一些城市以 90 L 的垃圾桶为准，每年收费额在 360 德国马克左右，约占人均 GDP 的 0.5%[①]；柏林市按容器收费，采用 60 ～ 120 L 不等的 7 种垃圾箱，每月每户收费 32 德国马克，

---

① 德国 2016 年的人均 GDP 为 41 936 美元，折合人民币约 282 691 元。

约占人均 GDP 的 0.04%；杜塞尔多夫市四口之家一年的垃圾费平均为 450 德国马克，约占人均 GDP 的 0.6%。除收费外，德国城市还对那些使用了对环境有害的材料或消耗不可再生资源的产品征收生态税，使生产商积极开展节能、降耗运动，生产和开发对环境友好的产品，促进非化石燃料的开发利用，如垃圾焚烧发电、填埋沼气利用、太阳能利用及风力发电等 [1]。

美国实行垃圾收费（税）制度，根据家庭丢弃垃圾量，除资源垃圾的收集免费外，其他垃圾的收集全部收费，每个家庭每月要为垃圾付出 710 美元 [2]，约占人均 GDP 的 1% [3]。美国垃圾厂发电的上网电价 7.25 美分 /kW·h。

日本目前大部分地区未实行垃圾收费，主要收入来源为出售电力、销售垃圾指定袋收入、其他城市垃圾搬入和自己搬入垃圾收入等，收入不及费用支出的一半，全部靠财政补贴，可覆盖建设成本的 1/3，对于发电效率在 23% 以上的垃圾焚烧厂，补贴可覆盖成本的 50%。垃圾焚烧上网电价为 17 日元 /kW·h（约合人民币 0.88 元 /kW·h，不含税），为企业带来 10% ~ 20% 的收益。

由此可见，上述城市和地区的垃圾收费方式大多是根据单位和居民丢弃的垃圾量来收取，从而用经济手段实现垃圾的减量化。而目前国内大多数城市对生活垃圾的处理收费仍采用按户收费的方式，且收费标准相对较低。例如，北京市居民生活垃圾收费标准（含生活垃圾清运费和处理费）为每户每年 66 元（约占北京人均 GDP 的 0.06%，仅覆盖 20% 的处理成本，其余的仍由财政补贴）。因此，可考虑根据垃圾容器、垃圾排放量、基数与计量收费相结合等方式收取垃圾处理费，从源头上减少垃圾清运量。

此外，"低价竞争"是我国垃圾焚烧发电企业面临的一个突出问题。当前我国垃圾焚烧发电企业收益主要来自发电收入（垃圾发电标杆电价为 0.65 元 /kW·h，含税），垃圾委托处理费报价甚至低于 20 元 /t，与日

---

① 德国垃圾管理机制——垃圾减量及回收利用的典范 [R]. 环境产业研究，2010(18).
② 谭灵芝，鲁明中，王国友 . 美国城市生活垃圾处理的借鉴 [J]. 世界环境，2005(6).
③ 美国 2016 年人均 GDP 为 57 467 美元，折合人民币约 387 414 元。

本垃圾焚烧发电企业 80% 的收益来自垃圾处理，垃圾委托处理费高达人民币 1 548 ～ 3 612 元 /t 的创收模式相反。垃圾焚烧需要大量的资金投入，而垃圾处理费用的大幅降低，极有可能带来排放不达标的隐患。

（四）回收机制

德国在 2000 年以后，随着立法的完善，对垃圾开展了极为细致的分类和处理，各地垃圾分类一般为三种：生物垃圾、塑料垃圾和纸类垃圾，还有一些需要集中回收的垃圾、大型垃圾，都有指定垃圾箱或回收站，并有专门的回收人员进行指导。

美国城市生活垃圾的收集、回收、处理、加工及销售是一个系统的产业，由专业公司进行收集和运输，依靠商业模式来运行。回收的垃圾一部分是将电池、纸类、塑料、金属等进行分类、收集、加工、生产和出售，另一部分是对食物废弃物和庭院废弃物进行堆肥处理。

通常采取一系列的经济手段来促进垃圾的回收利用。

日本通常将垃圾分为一般性垃圾、可燃性资源垃圾、不可燃性资源垃圾、可破碎处理的大件垃圾，每一种垃圾都有不同的收集时间，一般垃圾每周 2 次，其他类垃圾每月 2 次，居民在指定时间将装着垃圾的透明塑料袋放到指定的地点。生活垃圾从住户至最终处理厂经过收集、搬运、中转、中间处理、最终处理环节，由各区收集、搬运，可燃垃圾在清扫工厂焚烧。

（五）垃圾焚烧厂排放标准

环境保护部于 2014 年 5 月 16 日发布《生活垃圾焚烧排放控制标准》（GB 18485—2014），规定新建生活垃圾焚烧炉自 2014 年 7 月 1 日、现有生活垃圾焚烧炉自 2016 年 1 月 1 日起执行该标准。

对比日本、欧盟、美国的生活垃圾焚烧炉排放污染物限值可见，一是针对颗粒物、氮氧化物、二氧化硫、氯化氢等大气污染物，中国已制定了较为严格的标准，远超日本，但与欧盟标准还有一定距离；二是针对二噁英，中国、日本、欧盟排放标准均为 $0.1 \, \text{ng TEQ/m}^3$，但日本对小企业采用更加宽松的标准。

为了达到排放标准，德国的垃圾焚烧厂都让居民参与垃圾设施管理，接受公众监督；对焚烧厂员工定期进行检查，公布检查结果；严格监管垃圾焚烧厂排放指标实施，及时公示排放数据，以事实证明垃圾焚烧的安全性。上述各项对比见表4-1、表4-2。

表4-1　国内外垃圾焚烧厂管理模式对比

	德国	美国	日本
运营机制	以政府独资，市场化运作为主	公共部分为主	建设资金和运营费用全部由财政承担（一般财源3/4，特定财源1/4）
垃圾处理费	垃圾处理费（含运输费）250德国马克/t（约合人民币956.6元/t）	平均焚烧费120美元/t（约合人民币471元/t）	每吨垃圾管理成本（包括收集、焚烧、填埋和回收利用等）高达3 000多元人民币
垃圾收费模式	垃圾容器收费制；从量收费制基数与计量收费相结合；生态税	根据单位和居民排放的垃圾量	—
发电盈利	折合人民币0.2～0.4元/kW·h	上网电价7.25美分/kW·h（约合人民币0.48元/kW·h）	上网电价为17日元/kW·h（约合人民币0.88元/kW·h，不含税）

表4-2　国内外垃圾焚烧厂排放标准比较

污染物项目	取值时间	中国	日本	欧盟	美国（> 250 t/d）
颗粒物/（mg/m^3）	1 h 均值	30	40（PM_{10}①）		20
	24 h 均值	20		10	
氮氧化物（NO_x）/（mg/m^3）	1 h 均值	300	510（250 ppm）	—	370
	24 h 均值	250		200	
二氧化硫（SO_2）/（mg/m^3）	1 h 均值	100	170（60 ppm）	—	85.7
	24 h 均值	80		50	
氯化氢（HCl）/（mg/m^3）	1 h 均值	60	700（430 ppm）	—	40.7
	24 h 均值	50		10	

注：①日本标准中浮游粒子状物质（SPM）即指PM_{10}。日本对小企业采取了更加宽松的标准，比如2～4 t/h的企业PM_{10}排放标准为80 g/m³，小于2 t/h的企业排放标准为150 g/m³。

污染物项目	取值时间	中国	日本	欧盟	美国（＞250 t/d）
二噁英 /（ng TEQ/m³）	测定均值	0.1	0.1	0.1	0.26
汞及其化合物（以 Hg 计）/（mg/m³）	测定均值	0.05	—	0.05	0.05
镉、铊及其化合物（以 Cd ＋ Tl 计）/（mg/m³）	测定均值	0.1	—	0.05	0.01
锑、砷、铅、铬、钴、铜、锰、镍及其化合物 /（mg/m³）	测定均值	1	—	0.5	0.14
一氧化碳（CO）/（mg/m³）	1 h 均值	100	—	—	—
	24 h 均值	80		50	

三、政策建议

"十三五"期间，面对垃圾焚烧市场的快速发展，大批垃圾焚烧项目投入建设和运营，尤其是"低价竞争"和"邻避效应"已经十分突出，一系列问题亟待解决。结合垃圾焚烧发电的国内外实践与案例，建议今后重点做好以下几方面工作。

（一）建立完善的垃圾焚烧管理体制

在体制建设上，完善垃圾焚烧管理体制，明确生态环境部门在监管垃圾焚烧及其他垃圾处理设施方面的监管职责；建立项目建设运行的规范化制度标准，提升项目决策的科学性和规范化管理水平；推动开展垃圾焚烧成本效益分析，及时调整垃圾焚烧委托处理费、上网电价、搬运费用等，制定合理的优惠政策和补贴。

在具体监管上，一是可以试行对焚烧厂所有的运行指标、烟气排放指标等与环境监测站进行联网及时监控，倒逼垃圾焚烧厂稳定达到排放标准，同时通过联单制度、定位系统等一系列措施，对垃圾焚烧厂的垃圾接收、管理、运营进行全方位监控；二是进一步完善我国信息公开制度和沟通机制，将垃圾焚烧纳入各省份重点排污单位名录，通过官方渠道定期向公众发布准确、公正的信息，让公众通过权威渠道对垃圾焚烧及其建设项目形成公正客观的认识。三是当地生态环境主管部门设立驻厂监管团队，定期开放民众参观日，企业接受政府与民众监督；对各焚烧厂进行不定期的抽检，每半年定期对各焚烧厂进行核查，每年对各焚烧厂进行等级评定。

（二）因地制宜地推动垃圾焚烧处理发展

我国生活垃圾焚烧处理应在科学评估的基础上因地制宜地发展。对于人口密度较高、土地资源紧缺的城市，可适度加快垃圾焚烧厂建设，但对于我国中西部人口密度较低的城市、县（县级市）等垃圾总量较低的城市，应对人口、垃圾产量、环境影响进行更全面的评估后再制定垃圾焚烧设施规划。此外，考虑未来 20 年左右我国老龄化社会来临带来的影响，避免垃圾焚烧设施盲目建设、盲目上马等问题。

（三）严格垃圾焚烧厂建设和运营的市场监管

进一步测算我国垃圾焚烧平均成本，制定不同城市中标的合理价格，严格限制低价中标现象，确保垃圾焚烧设施正常运行的资金。制定退出机制，对于长期运行不达标的企业应根据环保法的相关要求责令其退出，由负责任的企业接管其 PPP 运营合同。参考日本垃圾焚烧量下降的历史，提前开展相关研究，分析 20 ~ 30 年在 PPP 模式下可焚烧垃圾量大幅下降带来的财政风险和企业金融风险。

（四）重点推进垃圾分类和清洁高效焚烧技术发展，提高能源利用效率和产能效率

我国垃圾热值仍然较低，尚不足美国垃圾热值的一半，单位垃圾发电量仍然有待提高。建议对垃圾分类投放、分类收集、分类运输，深度融合生活垃圾收运网和废旧物资回收网，建立普遍垃圾分类制度。一是

不断完善垃圾分类，注重垃圾前处理技术的开发和应用，提高垃圾的能源化价值和潜力，将更多的垃圾焚烧厂转化为可供发电的企业。二是通过完善垃圾焚烧发电技术，如焚烧炉烟气再循环技术、智能燃烧控制系统、焚烧热解气化技术等，降低焚烧厂内部能量消耗，提高发电效率。三是通过不断完善技术实现污水的"零排放"、固废协同处理、铝铁等金属的回收利用等，更大程度地实现资源的综合利用。

（五）着力宣传垃圾焚烧企业的达标排放及其环境效益，破解垃圾焚烧"邻避效应"

垃圾焚烧信息的不公开导致了公众对政府和项目承建方的不信任，且大部分公众仍然错误地认为垃圾焚烧厂一定会产生大量的二噁英、SO_2 等大气污染物，威胁当地居民的健康。建议在加强信息公开的同时，着力开展垃圾焚烧企业达标排放的正面宣传，以及政府在严格垃圾焚烧排放标准、严格执法方面所做大量工作的正面宣传，并加快推出建设标准、设计标准和管理标准等。及时向公众普及垃圾焚烧带来的环境效益，包括温室气体减排、节约土地及景观效益等，扭转公众认为的"垃圾焚烧"将比"垃圾填埋"产生更多大气污染物的错误认识。

第三节　破解"邻避效应"的国际经验借鉴

近年来，PX、垃圾焚烧等环境敏感项目，在规划建设过程中因"邻避效应"遭遇问题，引起了社会强烈反响和广泛关注。"邻避效应"最早起源于西方国家。"Not in my backyard"（不要建在我家后院）的口号因 20 世纪 80 年代英国环境事务大臣尼古拉斯·雷德利逐渐流行开来，意指居民为了保护自身生活环境免受具有负面效应的公共或工业设施干扰，而发起的社会反抗行为。其发生的原因，除了传统观念上认为的民众的狭隘与非理性，还源于民众对政府以及项目执行者的不信任，对项目问题和风险大小的不了解，以及对风险的规避。通过考察发达国家的有关案例可以发现，"邻避"现象几乎是伴随着工业化和城镇化的进展而同时出现的。在早期，多与垃圾焚烧、填埋以及污水、废弃物处理等环境类设施的建设有关，而发展到后期，"邻避主义"正在脱离环境保护的范围，演变为对一切可能引发社区环境改变的工程的抵触。

邻避冲突既是一种社会利益冲突，也是一个复杂的公共管理和公共政策问题，既涉及经济发展，又与政治、环境伦理等密切相关。随着我国城镇化进程的快速推动以及公众环保意识的不断提升，当前我国已进入邻避事件的集中爆发期。研究发达国家的相关经验，对正处在社会转型时期的中国破解邻避难题具有重要的借鉴意义。鉴于此，本节梳理了美国、加拿大、德国和日本在建设垃圾填埋场、铁路工程等项目中遭遇民众反对的有关案例，并在此基础上对发达国家破解"邻避效应"的经验进行了总结。

一、发达国家破解"邻避效应"的有关案例

美国、加拿大、日本、欧盟等在工业化、城镇化进程中，都遭遇过"邻避效应"，主要是由垃圾填埋场、污水处理厂、重化工业园区立地选址困难造成的，有的也引发了严重的公共危机事件。我们选择发达国家的几个典型案例进行深度剖析，力图找到破解"邻避效应"的法律、制度、技术等方面的对策。

（一）美国威斯康星州戴恩郡垃圾填埋场项目

1. 项目背景

和许多高速发展中的城市一样，美国威斯康星州戴恩郡麦迪逊市也曾面临过严重的垃圾处理危机。1992 年，威斯康星州自然资源部（Wisconsin Department of Natural Resources, DNR）通过测算后得出结论：戴恩郡及其周围郡县急需新的垃圾填埋场以满足日益增长的垃圾处理需求 ①。根据这一评估结果，在该郡经营垃圾填埋场的布朗宁费里斯实业公

---

① Joel Broadway, Landfill Expansion Approved; Opponents to Continue Fight, WIS.ST.J, 1992 年 2 月 8 日, A1 版。

司（Browning-Ferris Industries，BFI）提议将企业旗下的麦迪逊普雷里填埋场从 22 英亩（8.9 hm²）扩建到 44 英亩（17.8 hm²）。扩建完成后，该垃圾填埋场除处理工业垃圾外，也将开始接收城市垃圾。

2. 公众反对

反对声随之出现。当地居民担心这一提议将带来交通拥堵、臭气，并对当地企业产生负面影响。附近戴恩郡地区机场则担心垃圾填埋场会吸引更多鸟类，威胁飞机的正常起降。而最强烈的反对声来自总部距离计划扩建区仅有 4 700 英尺（1 430 m）的美国家庭保险公司，该公司起诉了 BFI 公司，并在威斯康星州议会大厦组织了抗议活动。[①]

3. 政府应对

为此，威斯康星州自然资源部发布了一份详细的环境影响报告，说明该扩建是安全的。[②]但报告的发布并没有减轻反对者的担忧，居民们表示，自然资源部的报告考虑的因素不全面，没有考虑"扩建后的垃圾填埋场对周围社区产生的经济和社会影响"。[③]美国家庭保险公司对自然资源部的研究结果也提出质疑，认为报告忽视了扩建填埋场所造成污染的严重性。BFI 公司则回应称，通过使用垫衬防渗这一新技术，垃圾填埋场将能有效防止渗漏以及由渗漏造成的地下水污染。[④]但最终自然资源部还是屈服于公众压力，于当年 6 月发布了新的评估报告，承认扩建垃圾填埋场会对环境和经济产生潜在影响，应引起重视。

争端持续半年后，因多方力量不断从各角度发起质疑阻止扩建获批，使得 BFI 公司的协调交涉工作陷入困境。此外，意在促进 BFI 公司和公众间信息交流的环境影响报告书并未收到预期效果，项目推进遭遇"瓶颈"。

鉴于计划面临停滞，BFI 公司请求威斯康星州出台新的垃圾填埋场选址法规，这引发了一系列程序。首先，填埋场选址程序要求建立"地方委员会"，由受影响地区的各利益相关方出任代表，并成为开发商唯一的协商伙伴。地方委员会的成立有效防止了开发商逃避协商的可能性，强

---

① Landfill Foes Will Protest at Capitol, CAP. TIMES, 1992 年 3 月 12 日，A3 版。
② Matt Pommer, DNR calls Madison Prairie Landfill Safe, CAP. TIMES, 1992 年 2 月 7 日，A3 版。
③ Bill Whittaker, American Family Rips Mad-Prairie Plan, CAP.TIMES, 1992 年 3 月 13 日，A3 版。
④ Bill Whittaker, Foes Cite Toxins by Dump, CAP. TIMES, 1992 年 3 月 26 日，A3 版。

制双方进行交流沟通。此外，城市垃圾选址委员会将作为公共监管机构对双方谈判进行监督，并要求双方进行善意、诚信的谈判。若监管人员认为其中一方不合作，则可对其进行约束仲裁或其他相关处理。[①]为促进BFI 公司和地方委员会的协商，城市垃圾选址委员会安排了类似庭审的公共听证会，要求双方需受对方及州环境官员的审查。听证会的召开促进了各方积极参与协商，以达成解决方案。[②]

4. 最终结果

1992 年 10 月，BFI 公司和美国家庭保险公司双双做出让步，推动协商产生了积极成果。[③]1993 年 2 月，协议最终确定。BFI 公司将扩建其垃圾填埋场，但同时承诺：仅接收多余的工业垃圾，不接收可能吸引鸟类进而对当地机场造成危害的城市垃圾；限制填埋场的高度及每日卡车来回运输次数；对周围区域进行绿化，将视觉和审美方面的影响降到最低；建立利益相关方社区协商小组，由来自 BFI 公司、美国家庭保险公司以及其他邻近团体组成；针对附近居民其他方面的担忧进行讨论；监管未来与该垃圾填埋场扩建的相关活动。[④]协议通过建立特定机制，在满足区域垃圾处理需求的同时，化解了附近居民和团体的担忧。

（二）加拿大亚伯达天鹅山有害垃圾处理设施项目

1. 项目背景

加拿大亚伯达天鹅山位于埃德蒙顿西北大约 200 km 处，于 1984 年被选为有害垃圾处理处置设施设置地点，1987 年开始运营，是 20 世纪80 年代北美地区唯一的有害垃圾设施放置地。

2. 选址过程

有害垃圾处理设施的选址过程最初被亚伯达省首先交由私营部门处理。但私营部门提议的两个地点很快因当地的强烈反对被否决。在意识到这一方式很难成功后，省政府暂停了选址工作，建立了有害垃圾管理

---

① Wisconsin Department of Natural Resources, supra note 12.

② Mike Ivey, Landfill Firm Rips State About- Face, CAP. TIMES, 1992 年 7 月 2 日，A3 版。

③ Mike Ivey, Landfill won't Take Municipal Waste, CAP. TIMES, 1992 年 10 月 12 日，A3 版。

④ Mike Ivey, Madison-Prairie Landfill Deal to Relieve Rode Feld, CAP. TIMES, 1992 年 10 月 13 日，A3 版。

委员会。委员会确立了涉及三方的选址过程，私营部门主要承担规划和运营设施的职能，省政府负责设立选址标准、发布信息以及参与项目。这在当时是一项极具创新性的方法，而其关键在于强调自愿性：只有自愿参与选址的地区才会被考虑。在整个选址过程中，交流沟通程序被置于重要位置，并严格参照已订立的标准进行选址，保证了全过程的公开、公正、透明。

在选址的初期阶段，亚伯达在全省举办了120余次信息发布会，为有兴趣参与选址的地区提供了更多的信息，包括对其地理区域的详细分析。全省中有52个辖区主动提出要求参与选址分析。随后，14个地区陆续表达了对参与选址的兴趣。其中9个地区因技术原因或公众强烈反对而退出选址。其余5个地区在1982年针对设立有害垃圾处理设施举行了公民投票，都获得了压倒性的通过。1984年，位于埃德蒙顿西北200 km处、人口仅2 400人的天鹅山地区获得79%的支持率，被选为垃圾处理设施设置地点。该地区靠近埃德蒙顿，拥有良好的运输条件，且地理位置相对偏僻，不要求邻近城镇的支持。

3. 原因分析

有分析认为，天鹅山居民对垃圾处理设施的接受或许得益于各地区对该设施的竞争氛围。落选的赖利镇的地区领导者就曾对该镇未能当选表示失望。此外，当地领导者的有力支持对建立公众信任和获得基层支持也至关重要。正是他们指出了积极的经济发展前景，强调该行动的自愿性质和建立垃圾处理设施的必要性，以及不安全的垃圾处理方式的危害。在推动参选的过程中，市长和议会成员积极鼓励市民参加定期举行的信息介绍会。而这些会议为民众打消因环境组织声称"垃圾处理设施将给该地区带来严重环境威胁"而产生的顾虑提供了有益的平台。

全面的补偿方案在选址协商中也起到了关键作用。3 400万～3 800万美元的设施建设投资和55个就业机会对当地极具吸引力。此外，政府还特别拨款12.8万美元，用于负担城镇会议、专家咨询、工程监测、购买车辆接送市民亲临现场、协助开发高尔夫球场以及种植树木等各项费用。同时，补偿方案还将为所有垃圾处理厂员工提供额外的医疗健康服务。

天鹅山管理中心成立后，天鹅山镇经历了一段相对繁荣的发展时期。垃圾处理厂建设为当地增加了 86 个新就业机会，并在一定程度上带动了经济的增长，缓解了石油和天然气产业衰退引起的经济下滑。得益于该项目的经济效益，该镇投资 380 万美元用于升级供水，开设现代医院，建设现代化的办公大楼和工业园区，从而拉动了房地产业的增长。此外，天鹅山地区的垃圾处理设施还吸引了大量的技术人员参观，为当地培育了新的经济增长点。

（三）德国斯图加特 21 铁路工程项目

1. 项目背景

斯图加特 21 项目（Stuttgart 21）是德国有史以来工程最为浩大、投资预算最为庞大的铁路工程项目之一。工程的关键环节是将位于德国巴登—符腾堡州的斯图加特火车终点站改建为可以连接欧洲高速铁路网的地下贯穿式火车站。工程预计为期 15 年，预算高达 60 亿欧元，预计建成后可提高车站运力，带动当地经济发展，提高城市竞争力。[①] 该项目为 PPP（公私合营伙伴计划）项目，参与方包括德国铁路公司、联邦政府、巴登—符腾堡州政府、斯图加特市政府、斯图加特大区联合会（Verband Region Stuttgart），但改造工程启动后却遭到了当地民众的强烈反对。

反对的声音可以追溯到 1980 年第一次提出改造斯图加特火车站的计划，直到斯图加特 21 项目计划正式推出便立刻成为市民热议的话题。2007 年 10 月，反对者征集到 6.7 万个签名要求政府举行公投决定是否接受改造工程，但遭斯图加特市议会拒绝，这引起更多原先未参与的公众转向反对者立场。抗议活动在 2010 年达到高潮，导致近 10 万人参加反对游行。同时，斯图加特 21 项目产生了巨大的政治影响，令绿党在 2009 年 6 月首次成为斯图加特市议会的最大党。这是德国绿党首次取得一个代表 50 万以上人口的市议会的控制权。在 2011 年巴登—符腾堡州议会选举中，斯图加特 21 项目也成为选举的重要议题，导致州议会内的最大

---

① Jessen, J. (2008) Regional governance and urban regeneration: the case of the Stuttgart region, in Kidokoro, T. et al. (eds.) Sustainable City Regions: Space, Place and Governance. Tokyo: Library for Sustainable Urban Regeneration, pp. 227–246.

党基督教民主联盟无力筹组联合政府，结束了对巴符州自 1952 年来的连续执政。而绿党和社会民主党组成新的州联合政府，并诞生德国有史以来首位绿党州长。

2. 公众反对

起初，斯图加特 21 项目因过于抽象复杂，并未成为公众广泛讨论的议题。促使反对声浪逐步发酵升级的关键，是部分民间团体和环保组织的持续鼓动宣传。在该项目第一份项目框架协议签署前，反对者就出版了长篇幅的研究报告质疑项目的合理性。反对者抗议项目的主要理由如下：①项目的成本和经济可行性。项目花费巨大，并且在后续建造过程中成本将不断增加，而项目的重要出资方之一德国铁路公司却削减了之前的承诺投入。同时，该项目还将挤占其他更需更新的交通设施的建设经费。②交通系统效益与影响。反对者质疑项目可达收益将远远小于预期收益。项目所声称的缩短乘车时间方面的收益，可通过对现有设施进行小规模的升级改造实现，且本区域其他货运铁路线并不适合本项目建成后将引入的大型货运列车通行。③环境成本和生态风险。项目将对当地的自然环境造成破坏，包括：占用大量公共空间和城市绿地，特别是对始建于 18 世纪的宫廷花园及其连接的 "U" 形绿化地带造成破坏；将在宫廷花园地区砍伐 300 棵树木，其中部分树龄超过 100 年；给地下水带来压力；造成空气污染，阻碍市中心空气流通，导致斯图加特盆地夏季气温进一步上升。④历史保护和城市发展。项目计划拆除的旧车站是斯图加特市重要的历史建筑和城市地标。国际建筑专家指责拆除旧车站将是 "对建筑史的无情背弃"，是将经济利益置于环境和社会责任之上。

除上述原因外，民众更对项目的决策过程和公众参与提出批评。反对者抗议整个项目的决策过程仅为了达到程序合法的最低要求，不公开透明，公众参与极少，仅在重大决策做出后才开放公众参与程序，违背了民主的原则。[①]反对者认为，导致公众参与不足的部分原因在于德国规划法律自身的缺陷，法律仅规定 "受影响的利益相关方" 可参与决策程序，

---

① Wolfram, M. (2003) Planning the Integration of the High-Speed Train. A Discourse Analytical Study in Four European Regions. Dissertation, Fakultät Architektur und Stadtplanung, Universität Stuttgart.

却并未鼓励更广泛的公众讨论。此外，反对者还批评德国铁路公司始终以企业身份躲在事件背后，而事实上其虽然在法律上已经私有化，但完全由联邦政府所有，最终其投资和损失都要由联邦政府埋单。

3. 事件升级

随着项目久拖不决，越来越多细节和事实浮出水面，并吸引了越来越多公众的关注，同时也给反对者留出了组织化的充足时间。在与政府对抗的数年中，反对者逐渐组成了由以区域环保团体为主的"转变斯图加特"（Umkehr Stuttgart）和以公民团体为主的"住在斯图加特"（Leben in Stuttgart）两个组织并不断发声。"转变斯图加特"还联合其他环保团体提出了替代性计划"终点 21"（Terminal 21），同时征集反对者签名，组织研讨会和社区活动，利用大众传媒和网络工具炒热事件。

2008 年 10 月 11 日，斯图加特市民组织了首次示威游行，约有 4 000名来自地方民间机构、环保机构、自然保护联盟的反对者参与其中。他们提出，要保护斯图加特极具自然价值的宫廷花园和极具文化价值的旧火车站。而从 2009 年开始，当地市民每周一定期到斯图加特火车总站附近的广场集会示威，形成了"星期一理性示威"的惯例，每周末还不定期举行示威游行。与此同时，越来越多的公众人物、民间团体参加到反对阵营中，新的反对团体不断涌现。部分退休职工和具有社会地位的中年群体也向学生和"左"翼激进势力立场倾斜，抗议政府在整个事件中的傲慢姿态。2010 年工程正式启动之后，示威者开始分散到各个施工地点，以静坐的方式组成人链和人体路障阻碍拆迁工作。按照工程计划，修建工程需要砍掉宫廷花园内的许多树木，市民便轮流在公园露宿守夜，还有些环保组织的激进人士在树上搭建树屋居住。2010 年 7 月 26 日，斯图加特火车站原址聚集了 5 万名示威群众，致使警方以非法闯入为名逮捕了其中的 50 名示威者，斯图加特事件就此全面爆发。2010 年 9 月 30 日，示威群众和警方发生激烈冲突，许多守卫宫廷花园树木的静坐民众遭到警棍、水炮、催泪弹和胡椒喷雾的大规模驱逐，400 多人不同程度受伤，引起德国全国震惊。第二天，斯图加特市举行了近 10 万名市民参加的示威游行，规模之大前所未有。

4. 政府应对

面对民众的反对浪潮，政府起初表态将不会因抗议行动改变立场。但在 2010 年 9 月近 10 万名市民参加示威活动后，政府不得不采取措施缓和日益上涨的对立情绪，暂时停止了旧车站的拆除工作，并通过德国极具声望的政治家海纳·盖斯勒（Heiner Geißler）在电视上与民众开展公开的调解对话。经过长达 9 天的协调会议，调解行动主席盖勒斯发布声明称：该项目在程序上是合法的，且鉴于现有进度建设活动已无法终止，反对者提出的公投诉求根据法律规定难以满足。然而他也表示"未来政府将无法再以推动斯图加特 21 项目的方式推动其他项目，除考虑技术优势和经济利益外，还必须考虑项目对民众的影响"。盖斯勒同时宣布，将对项目进行压力测试，用电脑模拟建成后的新车站测试能否实现预期收益。

反对阵营内部对这一结果持不同态度。参与协商的反对者表示这一结果是一次"重大胜利"，反对者在协商过程中充分表达了自己的立场。另一些反对者则认为这一结果恰恰证实了他们之前对协商仅仅是为了控制反对声浪的担忧，协商始终未把公开讨论项目的未来进展作为核心问题。但自此之后，参与定期示威的反对者人数减少，建设活动重新恢复。

然而此事在 2011 年春季重新走入公众视野。2011 年福岛核事故后，绿党以反核电的姿态，在德国地方的州议会选举数次获胜。在 2011 年举行的巴登—符腾堡州议会选举中，绿党夺取了 24.2% 的选票成为第二大党，并联合州议会第三大党社民党成功推举了德国历史上首任绿党州长。2011 年 4 月 20 日，两党宣布同意于 2011 年秋天就斯图加特 21 项目举行公投，且州政府不会在此前承诺的基础上追加对项目的经费投入。

5. 最终结果

2011 年 7 月，压力测试结果公布，证明德国铁路公司之前宣称的至少增加车站运力 30% 在经济上可行。尽管联合政府发言人对这一结果提出质疑，公众却表示认可。测试结果公布后的一项民意调查显示，相比之前 34% 的项目支持率，现有 43% 的受访者支持这一项目，表明公众意见发生了转变。而在 11 月 27 日的公投中这一转变则更为明显，赞成改建火车站的公民占 58.8%，反对者占 41.2%。随后，斯图加特 21 项目反对联盟组织宣布承认并接受失败。联合政府表示将以"批判性和建设性的"态度监督项目进展。[①]

（四）日本城市垃圾焚烧厂建设项目

焚烧是日本处理生活垃圾的主要方式。日本目前约 80% 的生活垃圾被焚烧，其余主要被回收利用，还有小部分被填埋处理。垃圾焚烧最初在日本普及扩张，始于 1963 年实施的《关于生活环境设施发展的紧急措施法》（*Act on Emergency Measures concerning Provision of Living Environment Facilities*）。20 世纪 60 年代，日本经历了高速的经济增长，并举办了东京奥运会，但许多地区垃圾处理设施极其不足，致使日本政府加速推进垃圾焚烧，加大对垃圾焚烧厂的补贴。1955—1969 年，日本垃圾焚烧比重从不足 30% 迅速上升到 51%。

在世界的很多地方，出于安全考虑，焚烧厂的建设常常遭遇反对。与其他国家不同的是，日本许多焚烧厂却建在市中心，甚至可以建在居民区中心。像东京这样的大都市，23 个区有 23 个焚烧厂，有的垃圾焚烧厂就建在市中心，昼夜不停运转的垃圾焚烧站就有 21 座。[②] 见表 4-3。

表 4-3　东京部分垃圾焚烧厂与学校等公共设施的临近程度 [③]

	与学校等公共设施的临近程度
中央区焚烧厂	距小学 300 m
北区焚烧厂	距小学 100 m
品川区焚烧厂	400 m 内有一所中学和一所私立学校
中目黑区焚烧厂	100 m 内有一所小学和几个大使馆，400 m 处有一家大医院和一所小学
多摩川区焚烧厂	200 m 内有两家幼儿园

---

① Johannes Novy and Deike Peters, Railway Station Mega-Projects as Public Controversies: The Case of Stuttgart 21, Built Environment. Vol. 38, No. 1, 2012.

② http://www.cn-hw.net/html/guoji/201303/38717.html.

③ 服部雄一郎. 日本城市生活垃圾焚烧全报告 [R]. 2013.

与学校等公共设施的临近程度
世田谷区焚烧厂　400 m 内有两所学校和一家知名医院，还有一个人口密集的高端住宅区
涩谷焚烧厂　距离日本流行文化中心涩谷车站仅 800 m，同时紧邻著名的高级社区代官山，焚烧厂周边 200 m 范围内至少有 6 座大型公寓楼

1. 典型案例

（1）大阪舞洲垃圾焚烧厂——高标准打造地标建筑

大阪舞洲垃圾焚烧厂的外观设计出自奥地利著名生态建筑设计师之手，曲线和绿色植物的设计，减少了钢筋水泥建筑给人的冰冷感觉，体现了建筑与自然的融合。厂房的整体造价为 609 亿日元，占地面积 3.3 万 m^2，总建筑面积 5.7 万 m^2。如今，这座建筑已然成为大阪市独树一帜的地标性建筑。走在焚烧厂里，最直观的感觉就是闻不到臭气、听不到噪声。所有工作人员都穿着普通的蓝色工作服，每个入场参观者也都身着便装，完全不需要任何防护。日本的二噁英排放标准是 1ng TEQ/m^3（即每立方米 1 纳克毒性当量），而舞洲工场达到的排放标准为 0.001 ng TEQ/m^3，仅为日本国标的 1%。[①]

舞洲工场建设之初也曾遭到居民的强烈反对。虽然舞洲是一个垃圾填埋出来的人工岛，岛上没有住宅区，但是距离市中心仅有 30 分钟左右的车程，直线距离则更短。当地政府通过完整的信息公开才让反对的声音最终沉寂下去。公开的信息包括居民最在意的废水、废气排放标准、专业环评机构的评估结果、每年一到两次排放检测结果等。登录大阪市环境局网站，任何人都可查到相关检测数据。这也是面积仅 221 km^2、尚不及一个上海宝山区的大阪市，能有 7 座在用垃圾焚烧厂最直接的原因。

为消除民众对焚烧厂的恐惧，舞洲工厂还通过组织参观等各种形式使民众了解相关科学知识以及焚烧厂的运作情况。在大阪，所有的小学都会开设一门叫"环境科"的课程，到小学四年级时，要到垃圾焚烧厂进行课外学习实践。为此，舞洲工场专门设计了一套参观学习路线，甚

---

① 《在大阪参观被国人误解的垃圾焚烧厂》，搜狐网，http://mt.sohu.com/20150821/n419461075.shtml。

至还在工场内开设了科普游戏区，吉祥物、音乐、漫画、游戏机。据悉，舞洲工场每年的参观人数高达 1.7 万人次。

除清洁安全让居民放心外，舞洲焚烧厂还通过实现经济效益造福居民。通过蒸汽热能发电，焚烧厂从原本接受财政全额拨款到实现了财政创收。据悉，舞洲工场里的用电全部"自产"，多余的电能还可再卖给电力公司。每年这笔稳定的收入，大约相当于拨款额的 1/4。

（2）东京丰岛清扫工厂——政府花 14 年使居民接受建厂

东京丰岛焚烧厂从计划公布到动工建设，共用 14 年对公众进行漫长的说服工作，对建设方案一再修改、细化。焚烧厂建在东京人口密度最大地区之一的丰岛区，紧邻区政府与池袋车站。政府采取公众监督和信息公开等方式，让公众对丰岛焚烧厂的运行安全充分知情。由焚烧厂、居民代表、区政府三方组成的"运营协议会"和"建设协议会"，负责监督焚烧厂的运转安全、排放物是否超标等问题，并负责公布环境调查报告。同时，焚烧厂每年会举办面向居民的交流会，就居民关心的问题进行意见交换。

焚烧厂除自身功能外，还被打造成附近居民休闲的场所。厂区设有快餐厅、资料台、问讯处。焚烧厂对焚烧炉余热产生的高温水进行循环利用，提供给临近的温水游泳池、健身房，降低了附近居民的使用成本。紧邻丰岛垃圾焚烧厂的体育中心，居民仅需花费 400 日元就能使用 2 个小时。

（3）武藏野垃圾焚烧厂——通过竞争性选址解决邻避问题

20 世纪 70 年代，因武藏野市市长亲自挑选的垃圾焚烧厂厂址被市民代表们在市民会议上强烈反对，使得武藏野市确定了直接让市民来参与选址的"游戏规则"。为保证市民参与有章可循，政府首先确立了选址预备会规则：由专家和市民代表组成的环境委员会推荐人员参加选址预备会，每个区都有自己的代表参与，如一年内选不出地址，则意味着市民没有做出选择的能力，就必须接受市长的选址。经市民同意后，选址预备会举行投票初选，并由专家、一般市民代表以及这入选的四个候选地的居民代表共 35 人组成"建设特别市民委员会"进行第二轮投票。市长最初选定的地区的代表为了防止自己的区被选上，做了大量的准备工作。代表们搭建了模型，分析焚烧厂建成后对当地小学和社区的影响，并组织考察团走遍了日本的焚烧厂搜集问题，最终避免获选。而被选中地区的代表们则曾一度拒绝结果，但最终还是选择了尊重规则。新的垃圾焚烧厂也在 1984 年顺利完工。

2. 促使日本民众接受垃圾焚烧厂的关键因素

事实上，日本民众对焚烧厂也并不是天生就敞开怀抱。20 世纪七八十年代，焚烧厂在日本也曾因"邻避效应"遭遇过强烈的反对。1971 年，东京都知事对外宣称该市正经历着一场"垃圾战争"。当时，整个东京70% 的垃圾都被运到位于江东区的填埋场，由于垃圾总量超出了当时焚烧厂的处理能力，导致相当部分垃圾未做任何处理，造成以工人阶层为主的江东区周围环境严重恶化。当江东区居民听闻杉并区——一个以上层居民为主的区拒绝在其境内修建焚烧厂后，他们强烈抗议并拒绝接受从杉并区来的任何垃圾。随着相似冲突在其他地方陆续发生，类似新闻被大肆渲染，在日本社会引起了强烈反响。各区和居民虽在垃圾焚烧上达成了共识，但不愿意在自己所居住的地区建设焚烧厂，并数次发生居民阻止焚烧厂建设的事件。在政府与部分地区居民经过反复协商，甚至法律诉讼之后，事件才慢慢得以平息。这场"垃圾战争"从 1956 年东京都制定《焚烧工厂建设十年计划》到 1978 年相关焚烧厂开工建设，持续了 22 年之久。

为彻底扭转日本民众对垃圾焚烧厂的排斥，日本政府采取了如下措施：

一是坚持辖区垃圾"自己处理"原则，明确责任。在"垃圾战争"期间，为解决焚烧厂建设的邻避矛盾，东京都知事提出各区建设焚烧厂处理各区垃圾，此后日本公众渐渐形成了"每个市应当自行处理或至少在自己的辖区内处理（焚烧）垃圾"——"自己处理"的原则。从根本上而言，"自己处理"原则有助于让各地公众及其政府明确自身责任，同时不随意或强势向其他地方转嫁责任，促进垃圾处置场地的选择更加公平、合理。

二是制定高于国标的严格标准，确保环境无害。1997 年，大阪市丰能町的一家焚烧厂附近测出了有记录以来最高浓度的二噁英。这次二噁英事件传遍全国，促使政府制定新的法律规范二噁英排放。之后大多数焚烧厂装备了布袋除尘器，保证了垃圾焚烧厂的基本安全。尽管在新焚烧厂建设中，选址地会爆发许多反对运动，但焚烧处理已在日本废弃物管理中深深扎根，日本公众很少质疑焚烧的必要性，且焚烧的替代选择并未得到广泛讨论。

日本《废弃物管理法》特别规定了垃圾焚烧厂应当达到的所有技术条件，如燃烧温度、建筑结构等。法律还要求焚烧厂检测二噁英，以及废气、废水中其他有害物质的浓度。许多焚烧厂会自愿选择在国家规定的基础上更频繁地监测污染物排放，并自愿设定比国家更严格的标准。例如，管理着东京市中心所有焚烧厂的东京23区清扫一部事务组合（Clean Association of Tokyo 23）就制定了更加严格的"东京标准"，并且监测更多的污染物，如镉、铅、锌、汞、氮氧化物、氨、醛、氰、总烃、氯乙烯单体、酞酸酯、多氯联苯、氟、砷、铬、苯并芘、氯等。实际上，规定监测的不少污染物排放已经达到了"未检出"的水平（并不意味着排放为零，但表明浓度在可检测到的最小值以下）。

三是注重与社区建立和谐关系，开展长期的科普和环保宣传。除学校实施环保教育之外，日本各自治体、社区不断举办各种说明会，发放大量传单宣传环保知识和政策，相关部门甚至派工作人员挨家挨户进行说明。1989年东京都开始实施"东京瘦身"垃圾减量宣传活动后，政府及各团体用了11年时间，通过电视、报纸、展会等各种媒介进行宣传。长期的环保教育宣传结合完善的政策法规，使得日本民众的环保素养有了巨大的提升，抑制浪费、垃圾分类等成为全社会的共识。

二、发达国家破解"邻避效应"的经验与启示

（一）全面公开准确信息，实施阳光透明操作

及时、透明、持续的信息公开是建立政府与民众间信任的关键。导致许多大型建设项目遭遇强烈反对的重要原因，正是在于政府和项目承

建方忽视信息公开的必要性或认为信息公开将会阻挠项目的启动，从而导致民众对政府不信任，以致之后项目推进步步维艰。在德国斯图加特21项目的案例中，政府和德国铁路公司在前期项目论证过程中，将经济利益置于其他考虑之上，且限制了对项目获批不利的相关信息的公开，导致政府和企业一方从一开始就在舆论上处于被动局面。

在日本的城市垃圾焚烧厂案例中，正是全面的信息公开使得民众对建设项目真正放心。日本的《行政机关信息公开法》保障了公众自由获取和焚烧厂有关的信息的权利。大多数关于焚烧厂的基本信息，比如排放数据、成本、设施维护，甚至决策过程都向公众公开。许多市正逐步在网上公开信息，一些地方市民则要去市政厅正式填写申请信息公开的纸质文件。例如，东京每月会公开发布所有焚烧厂的监测报告。公开的数据十分全面，不仅包括每座焚烧厂的月度报告，还有第三方机构对焚烧厂每月监测的结果和年度环境报告，使得公众能最大限度地追踪焚烧厂方方面面的情况，包括所有的事故、运行问题和十分微小的超标排放。当事故或问题出现时，市政府一般会立刻发出公告，否则会招致批评与不信任。

（二）严格遵守法律法规，严格履行程序，坚持程序透明

严格遵守法律法规，严格履行程序是破解邻避问题的基本原则。一般而言，如果进行裁决的程序是公正的，那么即使个体得到了不利的结果，他们对这一结果也会持比较肯定的评价。在透明程序下的公众参与能够为各方提供一个直接表达诉求的平台，使民意能够在规范合法的框架下得以疏导。

仍以日本废弃物管理为例，日本《废弃物管理法》要求所有市制订一份10~15年的长期废弃物管理计划。计划需包含对当前废弃物管理系统的分析、对未来趋势的预测以及明确的目标和优先顺序。无论一个市计划建设哪类废弃物管理设施，都需要预先考虑计划的可行性，而不是突然大干快上。目前每个在运行设施的状态和新设施建造的必要性分析必须包括在规划里。在规划最终完成之前，草案应当包含公众意见。

当新设施规划完成后，需要做一份全方位的综合环境评估。评估结果必须向公众公开，市政府需要组织由居民和废弃物管理专家参与的听证会。此外，许多城市还会由市政府组建废弃物管理委员会，征集多方意见。委员会成员不仅包含废弃物管理专家，还有当地居民（经由公开招募）和企业人士，以保证各个利益相关方被纳入参与过程。

目前东京23区内没有新建垃圾焚烧厂的计划，但是部分垃圾焚烧厂面临改建。而改建程序同样复杂：首先必须向中央一级政府提交相关计划书，并获得环境大臣同意；然后再与所在区政府协商，并召开居民说明会征求居民意见；最后制订具体计划，才能开始进行拆除和新建作业。这样一来，一个焚烧厂改建项目从申请到改建完成大约需要花费9年时间。尽管如此漫长，相关程序还是被严格遵守，为的就是保证最终的方案充分反映各方的意见。

（三）以科学论证支撑决策，以事实消除公众疑虑

一般公众并不具备建设项目相关的专业知识，容易对项目建设产生天然的排斥心理。而以科学论证，用事实说话就是破解"邻避效应"最有力的武器。在德国斯图加特21项目案例中，政府在强大反对声浪的压力下，最终决定对项目重新开展科学评估。而恰恰是这一看似妥协于民意而进行的科学评估的结果的公布，直接导致了公众态度的转变，最终促使项目顺利通过公投程序。在日本政府说服民众接纳垃圾焚烧厂的过程中，也是通过科学论证和摆出事实来消除民众的疑虑。除长期的环保宣教和焚烧厂实地参观外，如一地需要新建垃圾焚烧厂，日本政府会通过对其他地区已有垃圾焚烧厂进行实际调查，并将其周边环境和居民健康调查情况如实反映给新建焚烧厂周边居民，让居民通过事实了解项目的安全性，降低对项目建设的不必要担忧。

（四）采取竞争性选址方式，消解政府决策压力

加拿大亚伯达天鹅山有害垃圾处理设施项目、日本武藏野垃圾焚烧厂项目的案例说明了竞争性选址是破解邻避问题的有效方式之一。建立

公平的竞争性选址程序，能够有效将过去的"决策—宣布—辩护—诉讼"形式转变为"咨询—决策—宣布—咨询—改善"过程。这种志愿和竞争选址的程序，是把选址的权力返还给社区民众，由他们自己去衡量设施设置带来的利弊得失，从而决定是否接受设施建造。竞争性选址并非要消除反对者的声音，而是把反对者的声音纳入一个合法的程序中，将本来是政府和民众之间的"斗争"，转化为民众和民众之间的"斗争"。

　　一个公平合理的竞争性选址过程应该能够有效识别建设项目的候选地点，同时有助于利益相关方冷静、互信、有序协商，避免冲突。发达国家的相关实践表明，成功的竞争性选址程序一般遵循以下原则：

　　（1）程序明确，各参与方保证全程遵守；

　　（2）各参选区的当地居民应从一开始就参与其中，并享有全程参与决策的权利；

　　（3）允许有异议的社区和团体的参与；

　　（4）由市民组成监督委员会对选址程序进行监督；

　　（5）选址程序应当是开放式的，而非短期、一次性的，保证参与各方以理智的心态进行持续性的沟通；

　　（6）给予参选社区相应的资金支持，用以雇用独立的专业顾问来开展项目评估，以减轻民众对"隐藏"事实的担心；

　　（7）选址程序要充分考虑各个社区的特性，包括人口情况、历史、地质情况和自然环境。设施的类型和规模等也应予以考虑。

　　此外，还建议设立固定性的政府冲突解决机构，配备具有相关经验的专业人员。这些机构应该协助参选的当地居民，在其遇到困难时进行调解，并作为监督者或仲裁者的角色被赋予一定的法律权利。

　　需要说明的是，志愿和竞争性选址程序只是选址程序的一种改进。它旨在最大限度地实现较为广泛的公众参与，但实际上促使人们接受设施的还是项目自身所带来的利益，同时许多其他复杂因素也将影响民意。例如，美国明尼苏达州效仿天鹅山的方式，倡议设置有害垃圾处理设施，却遭遇了停滞。在寻找低放射性垃圾处理场地的过程中，美国的一些州尝试了自愿式选址方式，包括采用福利方案，但仍然没有成功。

（五）明确经济补偿，提高民众支持率

提供经济补偿，让居民直观感受项目上马对自己的好处，也是解决邻避问题的一种有效方式。美国威斯康星州戴恩郡垃圾填埋场项目、加拿大亚伯达天鹅山有害垃圾处理设施项目、日本城市垃圾焚烧厂建设项目案例都涉及对项目当地居民提供经济补偿。在 1989 年美国田纳西州一项关于市政垃圾填埋场的调研中发现，在没有任何经济补偿的情况下，居民的支持率只有 30%，但当政府提供一定的经济补偿后，支持率几乎翻了 1 倍。经济补偿尽管未必能保证居民支持邻避设施的建设，但对居民的态度转变有重要影响。

邻避设施的补偿包括现金补偿和非现金补偿，而非现金补偿又可分为如下几类：一是实物补偿，指以拨款的形式增加社区的医疗、住房、教育等社会福利；二是应急基金，指开发者承诺提供一笔基金来支付未来发生意外灾害或风险所造成的损害；三是财产保险，指为场址周围的不动产提供保险，防止因设施带来房产的贬值；四是效益保障，指建厂及运营阶段直接或间接雇用地方上的居民；五是政策激励，出台财产税和土地税等税收优惠、减免电费等；六是所有权和收益共享，与社区居民分享设施的所有权并提供分红收益；七是对当地进行基础设施投资，如配套设立公园、图书馆、运动中心等，供附近民众打折或免费使用。①

（六）运用好新媒体工具，做好正向舆论引导，建立与利益相关方直接沟通机制，避免外部力量介入促使事件复杂化

涉及邻避事件的民众往往情绪敏感，容易被个别团体煽动。而这些团体组织却通常来自选址区域以外的地区，利用集体非理性制造不信任和恐慌情绪。因此，要坚持当地人自己解决当地问题的原则，避免"外地人"介入本地的公共事务，促使事件复杂化。在协商过程中，政府不跟每个人谈"个别意见"，只能跟利益相关方谈"共同意见"，建立起直接沟通协调机制，请利益相关方先行凝聚共识，预先把意见协调好。

① 美国如何处理"邻避冲突"，http://www.juece.net.cn/DocHtml/2014-5-22/3599332512895_2.html。

　　此外，大众传媒在邻避事件中往往扮演重要的作用。在自媒体时代，信息传播的主体更加多元，流动更加迅速，范围更不可控。保证公开、公正的媒体报道，避免媒体采取偏见立场、歪曲事实、危言耸听，才能防止事件被恶意炒作。在德国斯图加特 21 项目案例中，由于德国《法兰克福评论报》（*Frankfurter Rundschau*）将该项目描述成"其支持者只是由州长、州立法委员、市长、银行家、企业等组成的那个高高在上的阶层"，进一步激化了政府与民众之间的对立，加速了事态的升级。在处理邻避问题过程中，政府必须抓住舆论引导的主动权，在保证信息及时公开的同时，运用好新媒体等"互联网＋"的新型沟通模式，请有影响力的专家学者和公众人物在大众传媒上发布意见，让当地民众通过权威发布对项目形成客观公正的认识。

参考文献

[1] Joel Broadway, Landfill Expansion Approved; Opponents to Continue Fight, WIS.ST.J, 1992 年 2 月 8 日 , A1 版 .

[2] Landfill Foes Will Protest at Capitol, CAP. TIMES，1992 年 3 月 12 日 , A3 版 .

[3] Matt Pommer, DNR calls Madison Prairie Landfill Safe, CAP. TIMES, 1992 年 2 月 7 日 , A3 版 .

[4] Bill Whittaker, American Family Rips Mad-Prairie Plan, CAP.TIMES, 1992 年 3 月 13 日 , A3 版 .

[5] Bill Whittaker, Foes Cite Toxins by Dump, CAP. TIMES, 1992 年 3 月 26 日 , A3 版 .

[6] 汲立立 . 德国 "斯图加特 21" 项目的反思 [EB/OL]. 2016-05-10, http://theory.people.com.cn/n/2012/1112/c136457-19552778-1.html.

[7] Johannes Novy and Deike Peters, Railway Station Mega-Projects as Public

Controversies: The Case of Stuttgart 21, Built Environment. Vol. 38, No. 1, 2012.

[8] Maarten Wolsink, Entanglement of Interests and Motives: Assumptions behind the NIMBY-Theory on Facility Siting. Urban Studies, Vol.31, No. 6, 1994, 851-866.

[9] Stuttgart 21 Project, Germany, Environmental Justice Atlas Website[EB/OL], 2016-05-11, https://ejatlas.org/conflict/stuttgart-21-project-germany.

[10] ［日］服部雄一郎. 日本城市生活垃圾焚烧全报告（2013 年）[EB/OL]. 2016-05-10，http://www.ngocn.net/news/2015-11-10-48e7910ad69cd029.html.

[11] 探访东京市中心悄无声息的垃圾焚烧厂 [EB/OL]. 2016-05-11，http://news.163.com/14/0611/21/9UG6BMIR00014JB6_all.html.

[12] 东京市中心 21 座垃圾焚烧厂昼夜运转 [EB/OL]. 2016-05-10, http://www.cn-hw.net/html/guoji/201303/38717.html.

[13] 日本垃圾焚烧厂从六千家减至千余家 [EB/OL]. 2016-05-10，http://wenhua.kantsuu.com/201001/20100111171918_170623.shtml.

[14] 日本大阪市舞洲垃圾焚烧厂 [EB/OL]. 2016-05-10, http://jianshe.maoming.gov.cn/view.asp?id=4139.

[15] 超日之思——垃圾焚烧：学日本, 岂能照单全收 [EB/OL]. 2016-05-10, http://www.infzm.com/content/52134.

第五章　城市生态环境分区管控的国际经验借鉴 *

改革开放以来，中国城镇化和工业化进程快速推进，人口、产业、科技创新等经济要素不断向城市集聚，创造了令世界瞩目的"中国速度"。2000—2015 年，中国 GDP 从 9.8 万亿元增长到 68.91 万亿元，年均增长率超过 10%。但是，由于中国在很短的时间内经历了西方发达国家在较长的历史时期内发生的城镇化历程，因而大量城市问题被浓缩在一起。这种"多阶段共存"和"时空压缩"的特点，使当今中国的城市问题显得尖锐且复杂，尤其是生态环境问题更为严峻，城市自然资源贫乏、生态系统退化、自我调节能力低、能源消耗增加、空气污染、噪声污染、水体污染和垃圾围城、热岛效应等给人们的健康和生产生活造成巨大威胁。在此背景下，中国政府提出新型城镇化的发展思路，提出要从以往的关注经济"量"的增长向重视经济"质"的改善转变，城市生态环境要从城市管理向城市管治的方向转变。为此，迫切需要以绿色城镇化为目标，总结以往城市建设和环境管理中的经验和教训，找到有效的城市环境管控的政策抓手。

空间管控作为区域政策的重要手段之一，强调对社会、经济、生态要素实施多维度、多层面的系统控制与管理。其基本思路是以统筹协调城乡发展、实现空间资源的有效分配为目标，通过对国土空间利用的战略划分和针对不同分区的管控政策设计，协调城镇发展与生态保护的矛盾，解决城镇空间扩张过程中的弹性管理问题，促进城乡协调发展，实

---

* 本章由张扬、段光正、高晓路撰写。

现区域空间的统一管理和高效利用。

一些西方国家已经建立起较为系统的空间规划制度体系，并在城镇发展和生态环境保护中取得了成效。其中，日本、德国、美国所采用的空间规划体系分别是网络型、垂直型和自由型空间管控体系的代表，其在城镇建设和生态环境分区管控中的理念和技术方法对我国具有很大的参考意义。它们的实践经验表明，有效的空间管控是应对城市建设与生态环境保护之间矛盾的重要抓手。通过明确各种不同功能的空间管控范围、管控形式与管控强度，引导不同地区的城乡建设和生态环境协调发展，起到协调区域空间发展、保护生态与资源、引导城乡建设、优化资源配置等作用。

本章重点包含三方面内容：一是对我国城市建设过程中出现的主要环境问题、空间管控类型以及生态空间管制需求进行梳理；二是通过对日本、美国、德国 3 个具有代表性的国家的做法进行综述，从而对它们在不同城市发展阶段所采取的生态环境分区管控的思路、方法以及政策实施效果进行分析比较；三是基于我国国情和现实需求提出可行的政策建议，以推动我国新型城镇化进程中生态环境空间管治水平的提升。

第一节　我国城市生态环境分区管控的背景分析

一、城镇空间无序扩张和生态功能退化已成为新型城镇化发展的重要制约因素

我国已进入全面建成小康社会的决胜阶段，正处于经济转型升级、加快推进社会主义现代化的重要时期，也处于城镇化深入发展的关键时期。在改革开放以来 40 年的城镇化发展进程中，由于缺少有效的空间管控措施和经验，城市空间无序蔓延现象突出，不仅致使城市内部及周边土地利用的类型、数量和结构及空间布局发生了剧烈变化，而且使农业和生态空间的范围明显缩减。这种土地利用方式和利用强度的生态影响

具有区域性和累积性特征，土地利用覆盖变化已对生态系统的结构与服务功能产生了明显的影响。

人类活动的影响十分直观地反映在生态系统的结构和组成上。例如，在城市不断蚕食周边土地的过程中，城市自然绿地减少，水域面积萎缩，闲置土地增多，土壤因地面过度硬化或垃圾污染等原因而退化，导致其生产功能、缓冲功能、净化功能弱化甚至丧失，从而严重降低了城市边缘区生态系统对城市生态系统的缓冲和调节能力，增加了水涝风险和热岛效应，不仅直接威胁着城市生态系统的安全，也间接影响着人们的生活环境与健康。城镇空间的无序扩张及其对水文、土壤、植被、大气、生物等环境要素及其生态过程的直接或间接影响，已经成为阻碍城市可持续发展和新型城镇化建设的重要内因。

二、新常态背景下城市及其周边地区生态环境的改善是改善环境质量的突破口

一方面随着我国经济发展和人民生活水平的不断提高，我国已步入"新常态"，广大人民对生态环境改善的需求显著提高，当前的发展目标从以往的关注经济"量"的增长向重视经济"质"的改善转变，强调经济增长和环境质量提升同等重要。党的十八大将"生态文明"提高到国家战略层面，强调要"把生态文明融入经济建设、政治建设、文化建设、社会建设各方面和全过程"，党的十九大则进一步强调建设生态环境保护的重要性，要求"要牢固树立生态文明观，推动形成人与自然和谐发展现代化建设新格局"。另一方面，我国仍处于城镇化和工业化发展的关键时期，不合理的产业空间集聚所导致的生态破坏和环境风险问题依然严峻。无疑，这就需要寻求一条经济、生态、环境、社会协同发展的新道路，在重点地区、重点领域、重点行业实现环境约束"瓶颈"的突破和环境管理体制创新。为此，要求我们在城镇化和工业化进程继续推进、人口产业集聚与资源环境承载力不足的矛盾不断加剧、环境污染和风险

加剧的背景下，找到更加合理的发展模式，实现环境与经济、社会的协调发展。

在上述背景下，环境保护在区域选择上应有所侧重，尤其重视城市及其周边地区环境质量的提升，以应对广大人民群众的健康需求，面对城市空间发展模式从增量扩展向存量优化转变的态势，要对已有城镇空间的人口、产业、环境进行相应的调整，使其符合未来的发展需求。

三、城乡空间资源配置主体和方式的变化对空间规划和建设管理提出新要求

随着我国经济发展进入新常态，城乡空间资源配置的主体和方式正在发生变化。随着政府空间治理边界的逐步收缩，作为政府职能一部分的城乡规划必须相应地向公共系统收缩。在这一变化下，城乡规划面临两重转型：一是存量规划时代到来；二是在规划中需明确政府空间管控的边界、管控方式与利益如何协调等问题[4]。事实上，经过几十年的高速增长，中国已有相当一部分城市从外延拓张走向内涵增长，部分城市甚至面临减量的挑战。在实践中，迫切需要对已经形成的城市建成区从规模、结构、开发强度上进行合理调整。然而，我国长期以来采用的传统城市空间管理模式（即靠土地利用分类和开发强度对城市活动进行管理的现行规划工具）难以适应环境污染存量管控和空间结构调整的需求。尽管许多战略性的研究和规划都提出了城市空间结构优化的目标和方向，但其关注重点主要是论证新项目布局对现有城市空间环境的影响，使其处于可接受和可调控的范围之内，但是对于已经形成的城市环境缺乏具体有效的空间规划政策工具。

因此，有学者指出，在存量规划下，城乡规划更需强调土地利用效益的提升，应在规模锁定、开发边界划定、生态底线确定及空间格局基本稳定的"四定"约束下寻找城市可持续发展的路径。换言之，就是要通过城镇建设和生态环境空间管控寻求城市可持续发展的路径。

四、有效的城市建设和生态环境分区管控是应对城市环境问题的重要抓手

从国土空间利用的整体视角来看，城市规划建设、土地利用与生态环境保护之间具有显著的相关性，这种区域性、格局性的矛盾，需要从空间规划层面加以解决。近年来，对城镇建设和生态空间的管控受到越来越多的重视，如城市总体规划通过划定"三区四线"、城市基本生态控制线等手段来强调生态环境对城市发展的约束性，土地利用总体规划采用"三界四区"等工具限制城市用地的扩张。近年来，生态环境部积极推动城市环境总体规划的试点，力图通过城市环境系统结构、过程和功能特征的判别建立环境空间管控和引导体系，从生态环境保护角度来优化城市发展格局和空间形态。但是由于法律地位尚不明确、发展历史较短等原因，城市环境空间管控体系建设相对滞后，生态环境管控在手段和效力上存在明显不足。很多地方缺乏本应前置的生态环境空间管控规划，人口、产业和城镇空间布局不合理，生产、生活和生态空间不协调。这不但大大增加了后期治理的成本，而且高强度和高密度的排放使得污染物难以降解，甚至出现复合效应，加重了环境污染对人类健康和生态系统的损害。面对这些问题，人们愈加认识到空间规划作为城市治理的工具性作用，特别是"十二五"以来，随着主体功能区战略的落实，国家陆续推动了一系列空间规划改革措施，使空间管控对城市的健康发展与生态环境保护的重要作用日益凸显。

生态环境的分区管控是空间规划的核心内容之一。其实在主体功能区划、国土规划、土地利用规划当中，相应内容都有所体现，如全国主体功能区划划定了国家级重点生态功能区，提出在这些地区要严格限制大规模高强度的工业化和城镇化开发；全国国土规划提出要以资源环境承载状况为基础，综合考虑不同地区的生态功能、开发程度和资源环境问题，突出重点资源环境保护主题，有针对性地实施国土保护、维护和修复，切实加强环境分区管治；"十三五"生态环境保护规划提出，要坚持空间管控、分类防治，生态优先。然而在实践中，很多地方为了不"干

扰"城市扩展,仍然还是城市规划先行,环境功能区划后置。为了满足城镇建设和项目招商引资的需要,甚至屡屡调整城市控规,城市控规的建设用地规模和用地范围超出总规的情况比比皆是。环境功能区划是在自然生态安全、人居健康维护、区域环境支撑能力等维度开展环境功能综合评价的基础上,按照主导因素法识别不同区域的主导环境功能区类型而形成的,但目前环境功能区划的环境安全引导作用未能充分体现。

在技术层面,生态环境的分区管控包含"分区"与"管控"两个方面。环境功能分区与城市规划的"四线四区"、土地利用规划的"三界四区"等管制分区的对应关系也尚未厘清。由于土地分类标准不一致、不同部门的划定方法与标准不同,在实践中常常会有空间管制范围不同、界限交叉的情况,各个部门制定的空间管控政策也经常存在矛盾,致使各部门难以达成共识,也就无法协同实施有效的空间管控。

综上所述,为了适应发展趋势和解决现实问题,亟待对空间规划中生态环境分区管控的理论和技术方法进行深入研究,其成果对于协调社会经济环境发展,推动绿色城镇化建设意义重大。

第二节　我国城市生态环境空间管控的现状和技术政策需求

本节以当前国家正在开展的空间规划体系改革为背景,对我国城市建设与生态环境空间管控的现状、亟须解决的矛盾和政策需求进行深入分析,在此基础上,面向城镇化快速推进、城乡建设和基础设施建设用地的旺盛需求,从空间规划思路、分区技术方法、分区管控政策等方面,提炼生态环境空间管控的技术政策需求。

一、我国环境空间管控的发展历程

20世纪70年代以来,以传统工业污染防治和城市环境综合治理为主制定和实施的污染防治型环境规划在应对城镇化发展不同阶段的环境问题方面发挥了重要作用。但是，随着城镇化、工业化的快速推进和人口、经济要素与环境问题的空间关联性的加强，传统环境治理手段难以协调处理复合型、交叉型的环境问题的缺陷日益突出，迫切需要从环境空间管控视角强化环境管理，对区域社会、经济、环境的协调发展进行指导。

2000 年以来，经过不断探索和实践，环境空间规划制度初见雏形。以主体功能区划、环境功能区划、生态功能区划、生态保护红线等为代表的环境空间管控制度，逐步将空间管制的理念向环境管理的实践拓展。党的十九大以来，国家重视从生态文明建设的顶层视角出发，提出以主体功能区引导生产、生活和生态空间的开发利用和保护，构建国土空间安全格局。

目前，我国在环境空间管控方面逐步形成了生态环境分级管控的理论和方法。主体功能区划、环境功能区划、生态功能区划等对于不同层级的环境空间管控范围、管控对象、分类方法、管控方向等都分别提出了要求。现有环境空间规划制度的主要内容是以生态环境系统的结构、过程和功能特征为基础，基于生态环境系统的重要性、敏感性和脆弱性，建立环境空间的管控体系和引导体系。

二、相关规划关于环境空间管控的指导作用及其局限性

（一）主体功能区划

主体功能区划是针对区域发展基础和战略地位、资源环境承载力、现有开发密度和发展潜力等对区域加以划分，将国土空间划分为优化开发、重点开发、限制开发和禁止开发四类主体功能区，按照主体功能定位调整完善区域政策和绩效评价，规范空间开发秩序，形成合理的空间开发结构。为分类分区细化各个区域的发展目标和不同空间管控政策的实施提供了基础依据。

目前，主体功能区划已形成较为完整的理论体系，并应用于实践当中。但是，在参照主体功能区划来实施生态环境空间管控的过程中仍然存在一定的困难：第一，主体功能区实质上是类型区，而我国是以行政区为

主导的空间经济体系，行政边界的刚性约束使得行政区之间的要素管理受阻；第二，主体功能区划主要在国家和省级两个层面得到较为广泛的应用，市县层面并未得到进一步延伸和落实，针对城市内部空间应该如何进行空间管控并未给出解决方案；第三，主体功能区划需要对区域发展的自然生态、社会经济等诸多空间类型和单元进行综合区划，但空间现象通常发生于不同层次的空间单元，从而导致在微观尺度上显著的空间模式或现象在宏观尺度下不一定显著。例如，在 1 km×1 km 格网尺度上企业排放的污染十分显著，而在乡镇街道或市县行政区尺度上却并不显著，见表 5-1。

表 5-1　四类主体功能区基本特征

类型区	开发密度	环境承载力	发展潜力	基本内涵	主要策略
优化开发区	高	较弱	较高	开发密度较高，资源承载力有所减弱，是经济密集和人口集聚区	改变经济增长方式，提高增长质量和效益
重点开发区	较高	高	高	开发密度较高，资源承载力较强，是经济和人口密集条件较好区域	逐步成为支持全国经济发展和人口集聚的重要载体
限制开发区	低	低	低	资源承载力较低，大规模集聚经济和人口条件不够好并关系到全国或较大区域范围内的生态安全	加强生态修复和环境保护，引导人口有序转移
禁止开发区	较低	较低	很低	依法设立的自然保护区域和历史文化保护区域	实行强制性保护，禁止各类经济开发活动

资料来源：《全国主体功能区规划》（2010）。

（二）重点生态功能区划

生态功能区划的目标是增强各功能分区生态系统的生态调节服务功能，为区域产业布局和资源利用的生态规划提供科学依据。根据区域生态环境特征、生态环境敏感性和生态系统服务功能的空间分异规律，将区域划分为不同生态功能单元的研究过程，其结果直观反映了生态系统空间的异质性。

生态功能区划侧重于评价区域单元的自然属性，基本评价单元具有较大的空间尺度，评价指标因素主要包括生态环境现状、生态环境敏感性、生态系统服务功能重要性三类（表 5-2）。因此，生态功能区划的分区比较简单，没有与社会经济发展目标、资源环境的综合承载力有机结合起来。

表 5-2　生态功能区划考虑的主要指标因素

分类	主要因素	主要内容
生态环境现状	生物丰度指数林地	草地、水域湿地、耕地、建筑用地和未利用地等
	植被覆盖指数林地	草地、耕地、建筑用地和未利用地等
	水网密度指数	区域面积、河流总长度、湖库总面积和水资源总量
	土地退化指数	轻度侵蚀面积、中度侵蚀面积和重度侵蚀面积
	环境质量指数	二氧化硫产生量、化学需氧量、固体废物排放量和年均降水量
生态环境敏感性	土壤侵蚀	降水、土壤质地、地形起伏度、植被覆盖
	土壤沙漠化	湿润指数、冬春季大风日数、地表质地、植被覆盖
	土壤盐渍化	地下水位、干燥度、地下水矿化度、地形
	水环境污染	区域降水量
	水资源威胁	人均水资源量
生态系统服务功能	生物多样性保护	评价区域不同地区对生物多样性保护的重要程度，重点评价生态系统与物种保护的重要性
	水资源保护评价	区域生态系统对城市饮用水水源贡献与保护的重要程度
	土壤保持	在考虑区域土壤侵蚀敏感性的基础上，分析其可能造成的对下游河流和水资源的危害程度
	水源涵养	地表覆盖层涵水能力和土壤涵水能力

资料来源：《全国生态功能区划》（2015）。

产业准入负面清单制度是重点生态功能区引导、调控资源配置和产业发展的主要手段，将产业门类划分为鼓励类、限制类、淘汰类等产业管控类型，结合本地资源禀赋条件和生态保护需要，确定限制、禁止的产业类型和管制空间。但是，负面清单在落实到具体区域时也有可能存在一定问题：一方面，由于各个地区的环境承载力的差异，清单明令禁止的某些产业（如生物制药）在特定空间上对当地环境造成的威胁是在可接受范围之内的，然而，由于企业落入负面清单目录中却不得不退出，这样就会对城市社会经济发展造成不利影响。另一方面，某些产业看上去环境影响并不大，但是由于众多同类产业在城市空间集聚而产生的复合和叠加效应，给生态环境带来不容忽视的影响。此外，在操作层面上，产业准入负面清单的编制局限于重点生态功能区所涵盖的县市，空间范围有限，对重点生态功能区以外县市的环境空间管控难以提供精细化的产业准入指导。

（三）环境功能区划

环境功能区划是基于经济社会发展需求，面向生态环境可持续利用的环境介质质量及生态状况在空间与时间上的定量划分，根据区域环境功能的空间差异划分不同类型的环境功能区，制定不同区域环境管理目标和措施，然后实施差异化的环境管理政策。根据环境功能的内涵，从保障自然生态安全、维护人群环境健康和区域环境支撑能力角度出发，构建环境功能综合评价指标体系（表5-3）。

表 5-3　环境功能评价指标体系

分类	主要因素
自然生态安全指数	生态敏感性（沙漠化、土壤侵蚀）
	生态系统服务功能重要性（水源涵养、土壤保持）
人群健康维护指数	人口集聚（人口流动、人口密度）
	经济发展水平（人均GDP）
区域环境支撑能力指数	环境容量（水、土、气）
	环境质量（水、土、气）
	污染排放（水污染、大气污染）
	可利用土地资源
	可利用水资源（地表水、地下水）

资料来源：王金南.我国环境功能评价与区划方案[J].生态学报，2014.

全国和省域环境功能区划在全国或省域层面上对陆域国土空间及近

岸海域进行了环境功能分区，明确了各区域的主要环境功能，将之划分为自然生态保留区、生态功能保育区、食物环境安全保障区、聚居环境维护区、资源开发环境引导区五类，根据分区提出了环境功能目标和生态保护、环境准入、污染控制、环境监管等维护、保障环境功能的对策。例如，生态功能保育区要重点限制大规模的工业化和城镇化开发，控制人类活动开发强度；聚居环境维护区的管控重点是引导人类开发建设活动的优化布局，促进经济社会与生态环境协调发展（表 5-4）。

表 5-4　环境功能区划的类型区划分

类型区	管控方向
自然生态保留区	依法实施强制性保护，禁止开发活动！控制人类干扰，保留潜在环境功能
生态功能保育区	维护水源涵养 "水土保持" 防风固沙和生物多样性保护功能稳定
食物环境安全保障区	保障国家主要粮食生产地 "畜牧产品产地" "淡水渔业产品产地" 近岸海水产品产地环境安全
聚居环境维护区	经济发展和环境保护协调的先导示范区域，提高集聚人口能力，保障环境质量不降低，加大环境治理改善环境质量
资源开发环境引导区	控制资源开发对周边区域环境功能的影响

资料来源：王金南 . 我国环境功能评价与区划方案 [J]. 生态学报，2014.

应该说，环境功能区划是生态环境空间管控的基础，是环境管理"由要素管理走向综合协调、由末端治理走向空间引导"的重要途径，是环境规划参与"多规合一"的主要抓手。然而，目前国家和省域层面的环境功能区划都侧重于宏观区域尺度的分区，分区尚未落实到市县层面，因而在分类指导和空间范围划定方面仍存在不足：首先，针对人类活动最活跃、要素最集中、潜在环境污染和风险最大的聚居环境维护区，它只是提出了引导方向，没有提出具体的环境空间管控措施；其次，对城市内部的环境功能分区缺乏相应的评价指标体系和规范化的技术方法。

（四）生态保护红线

生态保护红线是指国家依法在重点生态功能区、生态环境敏感区和脆弱区、禁止开发区等区域划定的严格管控边界，是一条空间界线，并且具有严格的分类管控要求。生态保护红线对维护生态安全格局、改善自然生态系统功能、优化生态安全格局具有重要作用。生态保护红线划定的是生态系统中功能极为重要或极为敏感脆弱的区域，其保护对象和空间边界相对固定，以严格的生态保护和禁止各类开发建设活动为功能指向。

在实践中，城市建成区内部的经济、生态要素及各类建设活动和人类行为的驱动要素十分复杂，城市内部的环境建设主要以环境改善和功能提升为主，因而，生态红线在城市建成区内部并不适用。一些生态环境具有脆弱性和重要性的地方，把城镇泛泛地纳入生态红线范围，有的地方在城市建成区内部也划定了生态红线，给城镇发展建设带来了不必要的麻烦。这些问题说明，生态红线划定的基本规则及确定其边界和规模的方法还需要进一步推敲。

（五）"多规合一"中的生态管制

为解决长久以来"经、城、土、环"等不同规划在时间、空间、内容和管理范畴上不统一造成的空间规划与管理无序状态，相关部门正在推进"多规合一"。2014 年 9 月，国家发展改革委、国土资源部、环境保护部、住房和城乡建设部四部委联合印发了《关于开展市县"多规合一"试点工作的通知》，在全国范围内选择 28 个县市列入国家"多规合一"试点。推进"多规合一"是强化政府空间管控能力，促进经济社会发展与资源环境相协调，改善空间无序开发带来的生态空间遭受蚕食、环境不断恶化等状况的现实需要。而空间管制作为"多规合一"实施的重要抓手，不少城市将其应用于"多规合一"的实践当中，例如，广州在统一的空间平台上统筹生产、生活、生态空间布局和制度安排，建立各地区和各个部门之间利益协调机制；重庆市通过空间管制实现"三规"（城乡总体规划、环境保护规划、主体功能区划）的有机协调与对接，并将环境保护落实到具体空间。

从空间管控的视角来看，现阶段"多规合一"存在一定的问题：第一，一些地区忽略了本底的科学评价和分析，只是强调对各类规划进行图斑挪腾、图面整合，通过各部门的商讨协调规划差异。这种做法使得"多规合一"的成果缺乏扎实的科学基础，各部门的协调难度很大。第二，实现空间管制的政策措施错位。缺乏一个统一的空间管理部门，空间发展的规划、项目立项、土地利用、生态保护等职能分设在以发改、城建、国土、环保等不同的规划职能部门，出于不同的发展目标和利益方面的考虑，有些矛盾难以协调。第三，当"多规"需要进一步统筹协调时，仅仅划定生态控制线难以满足实际空间管制的需求，尤其是在城市内部的建成区，没有相应的功能分区，就难以实现对产业、人口、环境等要素的空间布局的引导，空间管制的可操作性不强。

（六）城市环境总体规划

为了将城市环境管理向前推进、从前端解决城市环境问题，城市环境总体规划应运而生。其目标是以可持续发展为目标，统筹优化城市空间布局，确定城市生态环境保护的战略布局，以确保实现经济繁荣、生态良好、人民幸福。工作重点包括：一是解决城市发展过程中的生态红线和发展格局优化问题；二是解决经济发展中的资源、能源消耗底线和环境承载上限问题，确定城市未来发展的空间和体量；三是从经济发展和城市建设的前端，提出环境保护的要求，通过强化空间管制，让环境要求在空间落地。城市环境总体规划强化了生态空间管控的理念，即通过生态保护红线、综合环境功能区划和环境风险红线调整城市的产业布局、人口布局和生态格局，建立空间管控体系；重视城市环境的区域协同，弥合不同规划之间的"碎片化"缝隙，实现城市环境管理"一盘棋"。

目前，广州、重庆、武汉、厦门等试点城市积极推动城市环境总体规划，探索划定生态保护红线和环境功能分区，进一步细化环境空间管控的策略和操作机制，使得城市环境空间规划在空间规划体系中初步占有一席之地。但是，城市环境总体规划的空间管控措施仍然是以各环境要素功能区划的实施为主，如大气环境功能区划、水环境功能区划、自然保护区，侧重于生态空间的保护，对资源环境的空间布局缺乏有效的综合协调，对环境质量和社会经济发展等方面的关注较为缺乏。

从根源上看，这个问题还是城市环境总体规划在空间规划体系中定位不明所造成的。由于在整个体系中缺乏明晰的分工和定位，所以环保部门的规划与发改、住建、国土、林业等部门编制的规划存在较多的重复性，在编制程序、技术方法、规划协调等方面难免存在各自为政的情况。

专栏 1 广州环境空间管控思路

近 30 年来广州市城镇化进程总体较快，城市迅速扩张造成空间形态变化剧烈，生态空间不断蚕食导致城乡景观破碎和城市环境问题也日趋显现。广州市出台一系列城市生态环境空间的管控措施。

构建约束力指标。城市环境空间管控体系是通过大气、水、生态、土壤等环境要素具有约束力的空间管控体系的架构，对各类环境空间管控区实施分级管控，将现有环境管理领域的制度、措施和手段落实到环境空间管控体系框架内。

不同类型区的差异化空间管控。对不同类型的区域实行不同形式的空间分区体系，对自然生态保护区划定生态保护红线，对城镇地区划定环境质量红线，对产业开发区域划定环境承载力上限。

量化空间管控水平。对于不同级别的环境空间区域则以生态重要性程度、人口密度、产业开发程度等定量指标来确定环境空间管控的水平，提出分类分级的环境管理政策。

专栏 2 武汉城市生态空间管控的做法

分层划定城市生态空间保护范围。宏观层面，确定城市生态框架结构，构建起覆盖全域的"两轴两环，六楔多廊"的生态框架体系。中观层面，确定城市生态用地总量并实现生态框架"落地"。统筹"图""底"关系，研究生态用地总量，提出"两线三区"空间管控模式。管理层面，精确锁定城市生态空间边界，并纳入"一张图"管理。划定基本生态控制线和生态底线，明确城市集中建设区、生态底线区和生态发展区范围。

刚性控制与弹性引导相结合，保障规划实施。城市增长边界（UGB）反向即为城市基本生态控制线，是城市集中建设与非集中建设区域的分界线。UGB 外面为生态保护区域，遵循生态保护法定化、功能化与发展保护同步化的"三化"发展原则，严格保护山水资源。

三、环境空间管控面临的主要问题

由上可见，我国在生态环境空间管控的理论和实践方面虽已取得一定成果，但仍然存在一系列有待破解的难题。

（一）分区管控空间单元过粗，与环境管理无法对接，难以实现对各地区环境空间格局的有效引导

通过环境功能区划和空间管制确定地区生态环境保护的总体方向、通过重点主体功能区划和重点生态功能区划划分区域开发保护格局，并制定各类功能区环境保护的一般性要求。如主体功能分区是统筹考虑全国生态功能和经济社会发展方向，确定不同功能区域开发的优先顺序。生态功能区是研究全国、流域或省级区域生态环境特征与环境问题、生态环境敏感性和生态服务功能空间分异规律。这些均属于宏观层面的空间管控，其设定的环境保护目标与保障措施比较宽泛，分区体系不够细致，并不能解决市县层面及城市内部功能分区的环境污染和风险防控问题，与微观层面的

环境空间管理无法衔接。这个问题在城市内部和一些农村地区表现得特别突出，针对城市内部或农村乡镇的环境空间管控如何评价、如何实施没有标准，对具体区域的生态环境建设与保护缺乏实质性指导。

（二）环境空间管控的覆盖面有限，局限于生态红线之内或特定地区

现阶段的环境空间管控局限于生态红线之内或产业园区、新区等特定地区，如具有水源涵养、水土保持、防风固沙和生物多样性维护等重要生态功能，对全国或较大范围区域的生态安全承担重要作用的地区。然而，对那些没有纳入重点生态功能区的地方该如何管控，通常只是泛泛提出一些目标和引导方向，缺乏具体的管控措施。此外，尤其对城乡建设的存量空间缺乏有效的管控和引导手段。例如，伴随着经济方式的转型和产业结构的调整，城市中大量存在的工业仓储等低效用地面临着再利用和二次开发，针对这类用地如何进行有效的环境空间管控，尚未出台相应的环境空间管控措施。

从现有环境空间管控手段来看，为了防止污染产业的空间扩散、对区域污染物进行总量控制，我国不少城市都对产业新城、开发区、工业园区或高科技园区实行了较为严格的环境准入和污染物总量控制等环境保护政策，这些政策限制和规范了污染企业选址布局及环境敏感区新上项目，对抑制城市污染排放物总量增加起到了重要作用。但与此同时，在已形成的建成区，通常社会经济和产业发展相对成熟，环境污染更加严重，针对其内部空间环境评价和管理手段却很不成熟，环境准入、环境影响评价及总量控制等空间管控手段对污染物的存量消减收效甚微。如何对存量空间进行有效的空间管控，仍然是实现内涵提升发展的重要课题。

（三）功能分区与空间分区存在层级交错，协调性不足

对于主体功能和非主体功能交错的地区，空间管控的协调性不足。依据地域功能、空间资源特色及开发潜力，划定不同类型的管制区范围，

进而制定相应的空间利用引导对策和限制策略，这种"空间准入"制度是我国区域环境空间管控的主要手段。然而，现实中在不同空间层级下划定的同类型环境管控分区之间存在空间序列与功能上的不一致。如主体功能区划中国家、省级重点开发区中也包含承担着生态功能的自然保护区，国家和省级层面划定的限制开发区中，在市县层面有可能存在重点开发地区。不仅如此，不同规划的管控分区之间也存在空间序列与功能上的不一致。如主体功能区的"四区"划定是基于社会经济发展与生态环境保护相协调的视角，引导和控制区域开发；而环境功能区划重点是关注大气、水体、土壤等环境要素的保护，在空间管控层面较少涉及社会经济要素。可见，在重视和保护地域主导功能的同时，也必须要给非主导功能留下弹性空间，不同规划门类之间也必须要有机协调才行。在技术方法和编制程序上这个问题目前还没有得到很好的解决。

四、环境空间管控的技术政策需求

针对上述环境空间管控制度在目标体系、研究对象、空间范围等方面存在的问题和不足，我们认为环境空间管控的技术政策需求主要有五个方面。

（一）建立统一的生态环境分区分类技术标准

2014年环保部制定的《生态功能分区技术规范》填补了国家标准的一个空白。它要求根据区域生态环境要素、生态环境敏感性与生态服务功能空间分布规律，确定不同地域单元的主导生态功能。但针对生态环境分区，我国目前还没有统一的分类技术标准。由于生态环境要素及其影响因素繁多，其特征、结构、格局、形成机制、功能和效应是极其复杂的。一方面，气候、地貌等自然地理条件是生态环境分异的主要决定因素；另一方面，人类的经济社会活动对生态环境产生的影响越来越大。因此，首先需要从环境、经济、社会协调发展视角构建生态环境分区分类指标体系；其次，要从生态环境空间管控的实际需要出发，统一不同部门的用地分类标准和基础数据，从而为城市生态环境的分区和管控提供技术层面的保障。

（二）解决各类空间规划之间的统合及协调机制问题

我国多年以来形成的规划体系存在城乡规划、国民经济和社会发展规划、土地利用总体规划、生态环境保护规划分治和缺乏有效衔接的弊端，同一个空间下的多规矛盾已经深刻影响了空间治理、空间分区管控和空间发展的效率。就生态环境空间管控而言，由一个部门划定一条管控线的效果是很有限的，必须在空间规划的整体体系化框架下协调好各类空间规划之间的关系，通过科学系统的研究，解决分类标准、分区和管控技术方法、编制程序、优先顺序、规划整合等问题。

（三）分区管控范围具有合理性并根据发展需求预留弹性

土地利用规划的"四区"（即允许建设区、有条件建设区、限制建设区和禁止建设区）和城乡规划的"三区"（即适建区、限建区和禁建区）都是针对建设行为的管控分区，与之相配套的管控措施对广大农业地区和生态地区不完全适用。为满足生态环境空间管控的要求，需要着眼于整个区域，按照各个地区的资源环境本底条件，统筹考虑生态环境分区与建设分区的关系，进而确定管控原则、开发强度、用地规模和保护界线，才能实现对各类空间开发和保护行为的管控落地。此外，由于我国社会经济处于不断快速变化和发展过程中，因此生态环境的分区管控需要考虑未来经济、社会发展的需求，如人口增长、产业发展带来的空间需求，合理设置一定的弹性，才能真正满足实际需求。

（四）科学分析不同方案下国土资源保护利用的综合效应

社会经济发展的方方面面对国土空间资源有着共同的开发利用需求，这就极易产生不同形态的竞争和矛盾冲突，协调各方面的利益关系不仅要重视国土空间资源的自然属性，还要充分兼顾人类生活活动自身的区位选择规律和空间结构变化规律的要求。资源保护利用的生态、经济和社会等综合效应因保护利用方案不同而有很大的差异，保护利用的受损面和受益面、长期利益与短期利益、整体利益和局部利益、正外部性和负外部性等为规划方案优化提出更高、更复杂的要求，也提供了更广阔的规划空间。

（五）环境空间管控与微观主体的利益导向更好地结合

面对生态环境与经济发展之间的矛盾，需要将政府在环境空间管控方面职能的发挥与微观主体的能动性相结合。一方面，政府部门在制定空间管控政策、措施时要充分考虑市场运行的可能性，利用基础设施投资、补贴等政策手段，引导市场的开发行为进入适宜开发的区域，运用税收制度对生态保护区、环境脆弱区的污染排放行为加以控制，从而实现空间资源的最优分配。另一方面，要发挥企业对污染治理的主力军作用，对通过技术创新、自主减排等方式主动改善环境质量的主体加以鼓励；通过市场化运作，将污染处理交给专业治污公司，降低治污规模的不经济问题。此外，还需要引导建立环境问题的地区间、主体间协调机制。通过灵活的经济补偿机制和微观主体之间的协调，缓解污染排放企业与周边居民的矛盾。

第三节　城市生态环境分区管控的国际经验

进入 21 世纪，大部分西方发达国家已经进入城镇化发展的平稳期。虽然各国国情不尽相同，但是在城镇化快速发展阶段，它们也曾普遍遭遇环境问题集中爆发的情况。经过探索和努力，在城镇建设和生态环境空间管控方面积累了不少经验和教训。日本、德国、美国是其中比较具有代表性的国家。尽管它们具有不同的国土资源禀赋和城乡建设空间形态，但在城市和乡村建设用地的规划管理和农业、生态空间的保护方面有许多值得我们借鉴的地方。

一、发达国家空间规划的发展历程及其主要类型

（一）不同阶段的空间规划的特征

空间规划形成于经济发展时期，可将经济发展阶段分为快速发展、转型发展和平稳发展三个阶段，不同阶段的规划具有一些普遍特点。

快速发展期，规划以"物质规划"为主，强调"发展规划"，重视落实生产空间，生活和生态空间居次要地位。采用单核心发展模式，以工业开发、基础设施建设为主，体现为规范性和统一化，设立重点发展区，规划类型以城市规划为主。

转型发展期，规划理念转向"以人为本"，强调"理性规划"，在生产空间框架基本建立的基础上，开始重视生活空间和生态空间。采用多中心开发模式，以生活空间开发、基础设施完善和生态环境建设为主，重视区域协调，开始编制空间规划，空间规划体系逐步形成。

平稳发展期，规划理念转向"人与自然和谐"，强调"智慧规划"。按照"绿色发展"的思想，实现生产、生活和生态空间的无缝衔接、共生共存。采用网络开发模式，以城市更新、环境美化和健康服务为主，关注地方的多样化和个性化，灵活调整规划体系，深化城市设计。

（二）国外空间规划的阶段和类型划分

1. 空间规划的阶段

空间规划是发达国家政府执行行政政策的一种重要工具，尽管存在不同国家空间规划体系、规划内容和实施规划的手段差异，但对空间用途实现不同程度的管制是各发达国家普遍采用的做法。发达国家空间规划大致经历了以下二个阶段：

（1）发生或面对重大国土空间保护与开发问题时，重视规划编制，对空间资源实行强约束。

（2）社会经济步入快车道、大发展阶段，对空间利用和人口经济进行合理布局的规划。

（3）面对新问题、新挑战开展规划的调整和优化。

当前我国人口、经济、资源环境矛盾加剧，随着城镇化率的提高，资源消耗将保持刚性增长，经济发展与资源环境之间的矛盾日益突出。耕地数量逐年减少，耕地总量已经开始危及 18 亿亩红线；环境污染严重。2013 年，全国 74 个城市中有 71 个城市存在不同程度的超标现象，平均达标天数比例为 60.5%；森林生态系统总量不足、质量不高，全国森林覆盖率为 20.36%。全国近 80% 以上的草原出现不同程度的退化，水土流失面积占国土总面积的 37%，沙化土地占国土总面积的 18%。正是在这样的严峻形势下，空间管控才逐渐受到越来越多的重视。

2. 国外空间规划类型

从西方发达国家的空间规划结构来看，空间规划体系可分为垂直型、网络型和自由型三种。

垂直型空间规划体系：以德国为代表。德国《宪法》规定，空间规划是联邦和州共同管理的领域，联邦以及各州的《空间规划法》和《空间规划条例》等为相关规划提供法律依据。与政权组织形式对应，联邦空间规划分为联邦、州、区域和地方四级。德国空间规划体系具有自上而下分工明确、层级关系联系紧密但职能清晰的特点。各级规划的编制都遵循对流原则和辅助原则，构成具有垂直连贯性的体系。同时，各个层面的空间规划既能从整体区域的角度进行考虑，又可与部门规划以及公共机构相互衔接和反馈，形成有主有次、完整灵活的空间规划体系。

网络型空间规划体系：以日本为代表。日本空间规划的法律基础是《国土形成规划法》《国土利用计划法》《城市规划法》等。日本的空间规划分为国家、区域、都道府县和市町村四级。空间规划体系中具有国土空间规划、土地利用规划和城市规划"三规"并存的特点，规划类型较多，总体表现为网络型。

自由型空间规划体系：以美国为代表。美国没有全国性的空间规划，也没有全国性的统一空间规划体系。在美国，州以下政府通常分市、县、镇及村政府。与此相对应，具有代表性的是区域规划（跨州、跨市）、州综合规划或土地利用规划、县镇村规划。从土地利用规划情况来看，全国只有 1/4 的州制定全域用地规划和政策，有的把规划发展目标作为本州的法令通过，强制要求地方政府在各自的总体规划中贯彻体现，如夏威夷州等；有的则通过复杂的公众参与和听证程序，由专门的委员会出台一套州规划目标，要求各区域和地方予以贯彻体现，如俄勒冈州；有的州政府要求各地方政府首先制定发展规划，然后总结和综合所有的地方规划，形成全州的总体规划，如佐治亚州，见表 5-5。

表 5-5　三种主要空间规划体系的特征

类型	分级	特点	典型国家
自由型空间规划体系	区域规划（跨州、跨市）、州综合规划或土地利用规划	没有全国性的空间规划，各个州根据特点制定	美国
垂直型空间规划体系	联邦、州、区域和地方四级	自上而下分工明确，层级关系联系紧密但职能清晰	德国
网络型空间规划体系	国家、区域、都道府县和市町村	国土空间规划、土地利用规划和城市规划"三规"并存	日本

资料来源：蔡玉梅 . 发达国家空间规划体系类型及启示 [J]. 中国土地，2013.

重点选择这三个类型的代表德国、日本、美国，梳理和总结城市建设和生态环境分区管控的经验。

二、德国城市建设和生态环境功能分区管理的经验分析

经过第一次与第二次工业革命，德国经济开始进入高速增长期，机器取代了传统的手工劳动，生产规模和资源开发规模不断扩大，海外殖民地不断扩张。"二战"以后，需要解决的首要问题是如何使经济从战争中恢复过来，为此相继发展了一大批重工业、重化工业项目。这　时期，由于忽视环境保护，形成了污染型经济结构。20 世纪 50 年代末期，莱茵河水污染严重，河水黑臭，鱼虾几乎绝迹，被称为"欧洲下水道"。20 世纪 70 年代初，德国 CO_2 排放量大幅增加，因煤铁重工业区而著名的鲁尔地区空气污染严重，水生生物急剧减少，曾经发生过垃圾场土壤污染和地下水污染等一系列环境公害事件。

经过 40 多年的生态治理，德国现在已成为世界上公认的环境保护最好、生态治理最成功的国家之一。德国是垂直型空间规划体系的代表，也是世界上最早形成空间规划制度的国家之一。作为区域有序发展的基本保障，德国的空间规划体系非常完善，在规划实施、促进区域均衡发展、优化空间结构等方面积累了丰富的经验。

（一）德国城镇化进程中的生态环境问题

河流自然环境遭到破坏。自 19 世纪以来，为了提高内河航运能力，德国在易北河、多瑙河以及莱茵河等主要河道进行了大规模改造，产生了一系列负面环境影响。天然河流形态被极大改变，蜿蜒曲折，成为直线型或折线型，河道横断面形状也规则化，许多生物赖以维持生存的自然形态和水生生境消失。河流的自然面积被极大压缩，水文过程的可持续性遭到破坏，加之沿河流域的污染排放严重，因而造成河道淤积、自净能力下降、水质污染加剧、生物多样性下降、土地贫瘠化和河流生态系统服务功能下降等问题。

水污染严重。自 19 世纪末开始，随着莱茵河流域内人口的增加和工业的发展，水质日益下降。仅在德国段就有约 300 家工厂把大量的酸、漂液、染料、铜、镉、汞、去污剂、杀虫剂等上千种污染物倾入河中。此外，河中轮船排出的废油、两岸居民倒入的污水、废渣以及农场的化肥、农药，使水质遭到严重的污染。

生物多样性大幅减少。生物多样性保护状况不容乐观，有 7 000 多种动物处于危险甚至濒临灭绝状态，特别是将近 2/3 爬行动物的生存受到严重威胁，情况相当严重。

（二）德国空间规划体系的特点

针对上述各种问题德国开展了有效的空间规划。在规划目标方面，明确区域空间规划的目标是促进区域内社会和经济协调与可持续发展，激活区域的潜力，细化州的发展规划，并为城镇规划的制定提供依据。德国空间规划本着对未来世代负责的态度保证社区内人性的自由发展，保护和发展自然生存基础，为经济发展创造区位前提条件，长时期、开放地保持空间用途构建的可能性，强化部分空间所具有的特别的多样性，在所有部分空间里建立均衡的生活环境，同时，空间规划还把消除德国统一后东西部地区在空间和结构上的不平衡作为重要任务之一。

从规划层次来看，德国空间规划分为联邦、州、地区和地方（市镇）四个层次，各层次的规划均以上层级的综合规划为指导（图5-1）。联邦、州、地区层级的综合规划既优于市镇建设，又不同于专项规划的概括性规划，目的是保障各空间功能分区和区域的综合发展、整治和安全。地方（市镇）规划是对单个城市、乡镇的空间发展和土地利用进行控制的规划，包括土地利用规划、建设规划图则两部分。土地利用规划根据城市发展的战略目标和各种土地需求，通过调研预测，确定土地利用类型、规模及市政公共设施的规划。地方（市镇）规划以土地使用规划落实联邦、州、地区层面等上位规划，实现了从空间政策到土地利用规划的过渡。三个层次的综合规划目标明确、内容完整，上位规划对下位规划起战略指导作用。

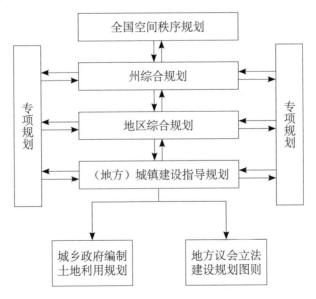

图5-1　德国空间规划体系

资料来源：谢敏.德国空间规划体系概述及其对我国国土规划的借鉴[J].国土资源情报，2009.

德国空间规划的特点主要体现在几个方面：

一是立法完善，空间规划与法律环环相扣。德国的空间规划与法律法规结合紧密，以相关法律为基础的各层面规划也具备相应的法律效力，同时城市与聚集地发展也严格遵循中心地功能等级划分，制定出的具体规划更加便于操作与实施。

二是规划体系清晰完善，各层面责任与目标明确。可持续空间发展的主导思想贯彻始终，从联邦层级规划至市镇层级规划，既有针对规划和项目的环境影响评价，又有以自然保护和景观保护为主题的专项规划，而且各综合规划和专项规划之间力求目标一致，脉络十分清晰，因而空间规划可以有效地对相关规划进行指导、调控和监督。

三是注重上下层级的有机衔接。各个层面的空间规划既能从整体区域的角度进行考虑，又在进行下一级规划时根据其空间发展侧重点进行各种利益之间的协调；同时综合空间规划与专项规划相结合，法律规定的正式规划与以问题为导向的非正式规划相结合，使得这个规划体系更加灵活、完善。此外，从规划的制定到实施都十分注重公众的参与。

（三）德国空间规划的原则

为实现促进区域内社会和经济协调和可持续发展的目标，德国确定了空间规划必须遵循的原则：

（1）在德国全部的空间内必须平衡发展建设空间及自由空间结构。必须具有在建成区和非建成区范围内保护自然资源的功能性。在每个部分空间内必须努力实现均衡的经济、基础设施，社会、生态以及文化环境。

（2）必须保持全部空间的分散式建设结构及其功能完善的中心和城市区域的多样性。居民区建设活动必须在空间上进行集中，并以功能完善的中心地系统为导向。对废弃的建成区土地的再利用必须优先于占用自由空间的土地。

（3）必须维持和发展大空间性以及交叉性的自由空间结构，保护或者重建自由空间的土壤、水资源、动植物世界以及气候的功能。在顾及生态功能的条件下保证对自然空间经济和社会性的利用。

（4）作为生存和经济空间的农村空间必须针对其自身的特点予以发展。必须促进均衡的居民人口结构。作为部分空间发展承载者的农村空间的中心地点必须得到支持。农村空间的生态功能也必须从其自身对全部空间的意义上予以维护。

（5）必须保护、养护和发展自然和景观，以及水和森林。为此必须考虑生态圈联合体的要求。对于自然物品，特别是水和土壤，必须节约和保护性地使用；必须保护地下水资源。对自然资源所造成的破坏必须予以平衡，对于那些持续不再使用的土地应该维持或者重建土壤的功能，在保护和发展生态功能和与景观相关的用途时也必须注意相应的交互作用。

（四）德国空间管控案例分析——以科隆与法兰克福大都市绿带规划建设为例

绿带是西方国家应对城市蔓延、改善生态环境品质的一条重要空间策略。从国际上大城市建设绿带的效果来看，城市周边的绿带是控制城市格局、抑制城市空间的蔓延扩展、促进生态环境保护、改善城市环境的有效办法之一，对提高城市居民生活质量具有显著作用。建立绿带的基本目的是使土地永久作为开放空间来防止城市蔓延，所以一般会规定绿带内不能进行不适宜的开发活动，并明确规定更改绿带范围的条件。

自 20 世纪 60 年代以来，绿带成为德国空间规划法和环境保护法中的一个重要规划机制，在国家的空间战略布局以及各联邦州的城镇体系调控中起到至关重要的作用。德国 96 个规划区域中有 59 个具有绿带划定区，一些地区的绿带覆盖超过 20% 的行政区域面积。

1. 科隆绿带与法兰克福绿带发展历程

（1）科隆绿带

德国的绿带发展始于 20 世纪初，同时受到霍华德 1898 年提出的田园城市模型以及维也纳 1905 年立法设置的《森林绿地保护带》影响。在 1918 年《凡尔赛条约》的影响下，德国部分有军事防御围墙的城市拆除了围墙，并把这些区域建设成为公共绿色开放空间——科隆的城市绿带发展最初也是基于这样的契机。1919 年科隆市长签发了《土地整合法》，以此为依据，被拆除的防御城墙原址上的空地被法律规定为城市的内环绿带，避免被城市建设性项目开发占用。随后，阿登纳邀请著名城市规划师弗里茨·舒马赫担纲，于 1920—1923 年规划了科隆的内外双环绿带结构。2010 年科隆绿带基金会邀请 5 个规划景观事务所组成 1 个联合设计营，共同讨论了科隆绿带的延伸扩展方案，并规划了一个面向未来的加强版绿带蓝图，见图 5-2。

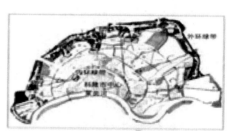

1928 年科隆绿带舒马瑟方案

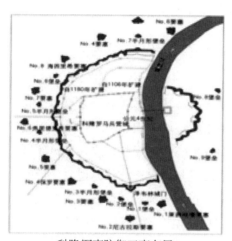

科隆军事防御工事布局

2012 年提出的科隆绿带发展蓝图

图 5-2　科隆绿带发展历程

资料来源：柴舟跃. 德国大都市绿带规划建设与管理研究 [J]. 城市规划, 2016.

（2）法兰克福绿带

法兰克福绿带的建设始于 1925 年城市大规模扩张的背景下，旨在保护尼达河以及其周边地区以作为内城和大量新建住宅区之间的城市绿色开放空间，1978 年，建筑师和城市规划师蒂尔·贝伦斯提呈了一份新的城市绿带总图。经过 10 余年的政治讨论，市政府于 1989 年正式启动城市绿带项目。随后，1991 年绿带法正式生效，法兰克福绿带在法规的指导下得以发展，见图 5-3。

法兰克福绿带与法兰克福 - 莱茵 - 美茵都市区
区域公园联系

1925 年恩斯特·麦所提出的法兰克福绿带规划

图 5-3　法兰克福绿带发展历程

资料来源：柴舟跃 . 德国大都市绿带规划建设与管理研究 [J]. 城市规划，2016.

2. 空间形态分析

（1）功能分区鲜明

科隆绿带近百年的发展历程赋予了它标志性的清晰双环结构。同时伴随着与绿带直接相邻的城市建成区的建设发展，形成了各具特色且特征鲜明的片区。尼达河谷片区：以城市北部的尼达河两侧的绿地和开放空间为主，绿地与水体、北部的居住组团结合紧密，是北部居民就近休闲的主要出行目的地。吕肯山丘片区：位于法兰克福的东部和东北部区域，以丘陵农田地区为主，蔬果种植业历史悠久，分布广泛。城市森林片区：位于法兰克福的南部区域，覆盖面积广，空间连续性好，森林资源丰富，原生态环境保护良好。尽管法兰克福绿带的主管部门和管理权责在近 25 年的发展中经过了多次变动，但是法兰克福绿带的基本形态保持了恩斯特·麦时期的规划空间范围和整体性。

（2）多重作用的路网体系

绿带的路网体系秉承了多重功能复合使用的原则，在承担串联休憩场所的基础上，融入整个城市的交通运输系统。从 20 世纪初的舒马赫方案到新近发布的绿带发展蓝图中都尽可能利用原有道路体系，降低不必要的新建比例。同时通过对道路连通关系的设计，保障步行、自行车、机动车路线的有序衔接，互不干扰。绿带环状道路的布局，有效地串联起在绿带中的活动内容，不同的道路根据功能定位、环境地形的差异，提供了体验绿带的丰富渠道，也使得动态与静态活动能够有效整合在一起。

（3）完整的绿带形态界面

绿带较为完整的环状形态及一定规模的生态界面，对保持生态环境、调节都市区气候条件、提升景观品质起到了重要作用。绿带中的物质流、能量流、信息流能够通过连续的绿带空间进行自由流通。同时，发达的对外辐射通道为在更大区域范围内进行物质能量交换创造了可能。

（4）形态设计与时空安排的结合

随着科隆大都市范围的扩大，绿带在都市区层面的影响力日益增强。未来绿带的空间发展将通过辐射状的通道建设与更广域的绿地系统进行衔接。同时，针对近、中、远期的规划举措分别制定了相应措施，使得时间轴上的安排与空间轴上的扩张过程的叠合清晰明确。

3. 实施效果

（1）推动区域整体空间结构的优化。以连通内外的绿楔为依托，进一步优化绿带的空间功能，强化绿带与中心城区及与更广域地区的联系，通过保护绿带空间，在一定程度上提升了生态系统对人类活动的承载能力。同时在绿带空间形态设计中，融入了景观、交通、气候、基础设施建设、农业发展、文化保护等因素。绿带空间实际上为社会、经济、环境三方面的功能的叠加创造了一个空间平台，并在此基础上推动区域整体空间结构的优化。

（2）调节区域气候。法兰克福是典型的城市热岛，城市中心比郊区温度更高、风更少。法兰克福主导风向为西南风或东北风，新鲜空气来自 Taunus 山坡及 Wetterau 地区，并把美因河和 Nidda 河作为新鲜空气的流通廊道；绿带内北侧的开阔空间和草甸也会产生冷空气团；南部的城市林地可以产生新鲜空气并净化尘埃。随着放射绿楔的建立，这些新鲜空气和冷空气的产生地将组成网络，促进气体流通，进而改善城市中心区的通风和降温能力。

（3）有效阻止城市无限制地蔓延。城市的快速发展使得对建设用地的需求量大大增加，一方面城市规模不断扩大、城市周边非建设用地被大量转化为城市建设用地，另一方面卫星城数量增加使得城市用地矛盾增加。通过在城市周围保留的大片城郊森林，对控制城市的无序发展，促进现代城市空间扩张由传统的"摊大饼"式向组团式方向发展，发挥了重要作用。绿带能够有效地控制城市建设用地无限扩张，为形成城市发展格局奠定基础。

（五）德国生态环境分区的经验借鉴

德国绿带的建设通过平衡发展建设空间及自由空间结构，在建成区和非建成区范围内形成保护自然资源的功能，保持了全部空间的分散式建设结构及其功能完善的中心和城市区域的多样性。通过保护或者重建自由空间的土壤、水资源、动植物世界以及气候的功能，实现了在顾及生态功能的条件下保证对自然空间经济和社会性的利用。从而促进了区域整体空间结构的优化和生态环境的改善。

德国通过绿带等生态环境分区的设定，缓和了城市发展与生态环境、景观保护的矛盾，实现区域范围内的生态保护和污染物治理。综合来看，德国在空间管控方面的经验主要集中于制定法律确定空间规划的权威地位及保障编制过程顺利，注重市场经济手段与伦理原则相结合，倡导全民性参与污染防治。

1. 将生态承载力评价纳入空间规划

将环境承载力评价纳入生态和环境规划，使之成为规划的一个组成部分。由于环境保护越来越重要，以至在联邦德国几乎所有项目都要做环境承载力评价或研究。不仅建设项目，规划本身也要有环境承载力评价；由于规划和发展计划不如项目具体，所以其环境承载力评价实际为环境承载力研究。而后者往往是前者的基础。环保不能是一个孤立的专业领域，而是必须和规划手段密切相连，因为好的规划能够减少和避免生态和环境污染的产生[17]。

2. 提高空间规划的法律地位 [18]

为提高规划的权威性，德国制定了相关法律，对空间规划的基本任务、组织、管理等进行了明确规定，作为编制和实施空间规划的依据。通过制定《国土规划法》和《国土整治法》，明确规定联邦、州和管理区的规划是指导性规划，市县规划是指令性规划。由于生态保护是空间规划的重要内容，通过编制具有法律效力的空间规划，可以在国家战略的层面上体现环境保护的诉求，从而有效防止区域性环境问题的出现。此外，还编制了《空间规划法》，对空间规划的任务和原则、联邦层面以及各联邦州如何制定空间规划法律、空间规划方法等内容做出了详细的规定。德国的《空间规划法》不仅是一部规范平面空间的国土规划法，而且是一部立体的空间规划法，它对德国空间的不同功能划分作了战略性的规定 [13]。

3.市场经济手段与伦理原则相结合

环境问题在经济发展过程中产生，也须在经济发展过程中解决，经济手段是世界公认的解决环境问题的最好方法。德国政府选择了市场经济的发展模式以解决传统的经济与环境此消彼长的发展困境，通过经济手段和技术创新促进环境保护、经济增长与社会公正的良性持续发展。德国政府运用了生态税、排污许可证、押金回收制度、经济资助和政策订单等经济调控手段，扶植和鼓励环境友好型企业的发展，监督企业废料回收和执行循环经济的行为力度。制度建设有力是德国社会生态市场经济的显著特点，其背后隐藏着的经济伦理和政策伦理更是值得关注。德国政府自 1982 年以来便把环境保护视为其政治生活中优先考虑的事务，在环境治理问题上坚持贯彻环境生态优先原则，即预防性原则、污染者赔偿原则、合作原则，并通过调整二次收入分配、完善社会保障体系。通过规范现代企业制度和公司治理结构以及将经济政策制度化、法律化等具体举措，使经济政策贯彻生态向度和伦理原则，即把资本主义的经济自由和人道主义的社会公平良好结合，力图兼顾经济目标和社会目标、效率和公平的统一，建构经济、市场、环境与社会的和谐秩序 [19]。同时，德国《联邦建筑法》明确将公众、公共部门以及其他公共机构参与规划编制分为早期参与和正式参与两个部分，并对参与形式做出明确规定，注重个人、企业、机构等社会主体全过程参与空间规划的编制、实施和评估。

三、日本城市建设和生态环境分区管控的经验分析

从 20 世纪 50 年代中期开始，日本随着经济的复苏，严重的产业公害也随之出现，尤其是 20 世纪 60 年代后期到 70 年代初期的经济高速增长，产业公害成为重大社会问题。全日本各地出现了严重的环境污染事件，环境公害问题逐步跨区域化，并呈现出复杂化、长期化的特性。日本从 1993 年开始陆续开展生态城市城镇规划及环境模范城市等规划项目。生态环境的治理是一个十分复杂的过程，1996 年，日本的岩佐茂从环境学与马克思主义相结合的视角出发出版了《环境的思想》一书，认为"环境问题是变革日本社会的一个极为重要的中心环节"。日本的环境问题同样经历了一个反复治理、不断完善的过程。经过多年的探讨，日本在城市规划建设实践中积累了丰富的经验和规划技法。

（一）日本城镇化进程中的生态环境问题

土壤污染。20 世纪 50 年代以来，随着经济的发展，日本工业技术革新的成果不断进入农业领域，促进了农业技术革新和农业生产力的发展；同时也产生了许多负面效应，使农业环境恶化。土壤中的镉、铜、砷等物质超标，尤其是镉的超标十分普遍。由于长期使用化肥，使土壤板结、缺少空气、土中微生物难以繁殖，致使地力减退。

大气污染。20 世纪 50 年代，日本大部分的一次能源供给主要依靠国内煤炭的开采，占日本全国能源总消耗的 50%。随着日本重化学工业化进程的加快，日本国内能源消耗量增大，且由于经济的发展，外汇紧缺的状况也随之得到解决，加之石油燃料的便利性，自 1961 年起，日本的石油需求量开始超过煤炭需求量，1955—1964 年，日本的能源消耗量约增长了 3 倍。随着工业生产及能源消耗的激增，工厂排放的煤烟粉尘剧增，而当时的日本企业将资金大量投入设备投资中，对工业污染防治设备的投资则少之又少，造成严重的大气污染。

生物多样性减少。随着人类活动和开发的影响增大，影响的速度上升，加之外来物种的影响、地球气候变暖的影响，区域生物多样性减少。森林、

农地、城市、湖沼、沿岸和海洋、岛屿等生态系统的生物多样性全部出现受损情况，特别是湖沼、沿岸和海洋、岛屿的生态系统状况最为严峻。

（二）日本空间规划体系的特点

日本空间规划体系萌芽于明治维新时期，工业化、政治和战争诉求是其主要推动力。"二战"后，空间规划体系逐渐发展与完善，以市场化的经济发展为内生驱动力，自上而下的政府主导与自下而上的民众诉求共同推进，从以往以开发为基调的规划，逐渐转向以可持续发展为理念的规划。2000年以来，在经济持续恶化的压力下，日本行政体制进行了一次大改革，其中对空间规划体系影响最大的改革是设立国土交通省，将空间规划所涉及的所有规划运行机构都归入统一大机构，以求得各规划的统一。与行政体制相对应，日本的空间规划自上而下地分为国家规划（已编制6轮）、区域规划（已编6轮）、都道府规划和市町村规划四级，并建立了较完善的规划管理法规体系。

从规划层次来看，日本的空间规划体系表现为国土空间规划、土地利用规划和城市规划"三规并存"的状态。空间规划的层级与中央政府、都道府县以及市町村的行政层级相对应。国家层面的规划是战略性规划，区域级层面的规划是衔接性规划，地方级层面的规划是实施性规划，见图5-4。

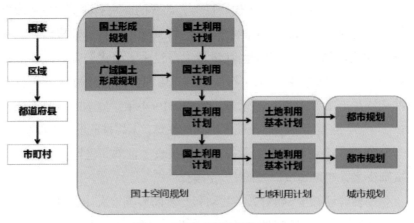

图5-4　日本空间规划体系

土地利用基本规划（主要包括其下的专项规划）根据国土利用规划编制，主要指某些专项区域的专项规划，包括城市区域、农业区域、森林区域、自然公园和自然环境保护区五大专项类型。针对不同地区类型的具体空间规划，又分别设立相关的专项法。城市规划是针对城市区域的空间专项规划，可再细分为城市土地利用基本计划、城市公共设施规划和城市开发规划三个类型，见图 5-5。

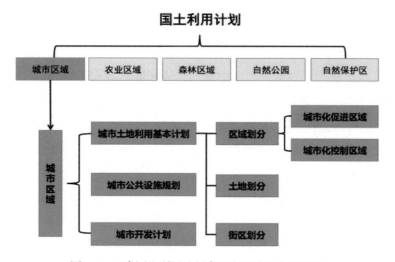

图 5-5　日本国土利用计划中城市区域的专项规划

从各类规划的协调来看，国家层面的国土形成计划和国土利用计划是两种平行的规划，二者之间相互协调，且在所有开发规划中处于中心地位，相关规划有与其协调的义务。

（三）日本城市规划区和地域划分制度经验分析

1. 提出的背景

20 世纪 60 年代中期，日本进入经济高速成长和快速城镇化时期，人口迅速向城市集聚，导致基础设施和公共服务严重滞后，城镇建设向郊区无序蔓延。为了防止城镇用地的无序蔓延，有计划地实现城镇规划建设，日本于 1968 年出台了新的《城市规划法》，设立了名为"地域划分"的空间规划制度，明确了城市规划区的设立标准及其内部的空间管控办法。

首先，划定城市规划区的范围。所谓城市规划区，是指有必要作为一个整体进行综合性整备、开发或保护的城市规划空间单元。在国土利用规划中，城市规划区的性质属于城镇地区，在城市规划中要对其内部的城市设施、土地利用、开发建设项目等做出合理安排。

其次，要求纳入城市规划区的区域要进行更进一步的地域划分，把城市规划区分成市街化地区和市街化调整地区，这样做一是为了防止城市空间的无序扩张和环境恶化，二是为了通过城市设施的配置有目的地提高市街化地区的空间品质。

20世纪90年代末期，日本的社会经济形势发生了较大变化。一方面，经过30多年的快速发展，日本已经由一个城镇化社会转变为城市社会，城镇化水平进入比较稳定的时期，较之对城镇扩张的控制，城市建成区的提升和改造成为更重要的任务。另一方面，1998年日本颁布《地方分权法》，城市规划作为各个地方的自治事务移交给地方政府，所以各地更加重视政策制度对解决本地区的特有问题是否有效，由此提出了提高政策灵活性的要求。于是，2000年日本政府对地域划分制度再次进行修改，在"城市规划区"之外，增加了"准城市规划区"的空间单元类别，此外，对城市规划内容、地方政府权限、开发许可标准等进行了调整。

2. 城市规划区的划定

（1）划定依据

依据地理环境和自然资源条件、土地利用现状及变化趋势、日常生活圈范围、主要交通设施布局、社会经济方面的整体性，对人口、土地利用、产业、交通、自然条件、历史文化、灾害、相关规划和法规等进行全面的调查研究。

（2）划定对象

市（行政单元）的中心城区、人口1万人以上且二三产业从业人口比重超过就业总人口一半以上的町村（行政单元），与上述城镇地区邻接且具有一定规模的居民点、拥有一定游客规模的旅游城镇、部分灾后重建城镇。

日本城市规划区的划定通常要对土地利用实际情况以及其他相关法律法规的适用进行综合考虑。例如，国立公园或者以农林渔为支柱产业的农业地区，将来演化为城镇地区的可能性不大，所以通常不做城市规划区的划定。

（3）空间界线

城市规划区的空间界线与行政区没有直接的对应关系，可以是一个或几个行政区，也可以是一个或若干行政区的一部分。部分行政区划合并的地区，如果有相对独立的生活圈，也有一个行政区内部有多个城市规划区的情况。城市规划区的划定强调以公路、铁路、河流、海岸等明确的地形地物边界，要求这些地形地物边界具有明确的地理空间分界特征。

3.市街化地区和市街化调整地区的地域划分

（1）划定依据

市街化地区：人口规模和密度达到一定标准的建成区及其连片建设的地区，具有良好的自然资源和城镇建设适宜条件，未来大约 10 年内将会有计划地优先开展城市开发建设的地区。同时，已经成为城市用地或转化为城市用地的可能性很高的地区，对市街化地区内部农业用地转化为城市用地设定较为宽松的审批程序；市街化调整地区：指城市以外的土地利用，包括农村聚落、农林保护用地和自然生态保护用地。

（2）划定方法

人口是市街化地区的地域划分的基本依据。首先是对城市规划区的基本状况进行全面调查，在此基础上结合上位规划和城市建设规划，测算城市规划区的居住人口、就业人口及产业用地需求，进而形成市街化地区方案，确定建成区及新增建设用地、预留建设用地的规模和空间布局。

（3）空间管控政策

日本空间规划的突出特点是各类空间的划定及其管控政策都是以法律为保障的。在地域划分制度下，事实上国土空间被分成具有不同管控方向和管控强度的空间，包括市街化地区、市街化调整地区，城市规划区内没有划定为上述两类地区的"白地"，以及城市规划区以外的地区。

1）市街化地区

城市规划区内部的空间管控主要通过开发许可制度来实现。市街化地区和市街化调整地区的划定，是实施开发许可的基础条件。市街化地区，原则上超过 1 000 m² 的土地开发行为需要开发许可；市街化调整地区，所有开发行为都需要开发许可。

2）市街化调整地区

市街化调整地区的空间管控以保护自然生态环境和农业空间为目的，对市街化调整地区以内的城镇建设要进行严格限制，同时也对大规模的游乐设施、商业设施等可能引起周边城镇开发的建设行为进行严格的限制。市街化调整地区内的生态环境、农业空间和农村聚落的保护的主要法律制度见表 5-6。

表5-6　日本针对农村环境和生态环境的主要法律法规

目的	适用对象	法律制度
农村环境整治和保护	个别地区	地区计划（城市规划法）
		农村聚落规划（农村聚落地区整备法）
	市街化调整地区	建筑覆盖率、容积率上限（建筑基本法）
	所有地区	开发许可（城市规划法）
生态环境和农业空间保护	所有地区	开发许可（城市规划法）
	城市规划区	绿地保护区（城市绿地保护法）
		风貌地区（城市规划法）
	市街化调整地区及都市计划区以外的地区	农用地区域（农业振兴地域振兴法）
		保护林（森林法）
		自然公园（自然公园法）
		自然环境保护地区（自然环境保护法）

其中，生态环境整治和保护的主要法律制度包括：林地保护制度和自然风貌保护制度。例如，根据《城市绿地保护法》，由都道府县在城市规划区内将自然景观优良的林地划为绿地保护区，最大限度地维持和保护现状，一切建筑和构筑物的建设、土地区划调整都需要通过都道府

县知事的许可，绿地保护区内部土地所有者出卖土地时，地方政府应实行买收，并减免土地交易税费。与此类似，都道府县根据《城市规划法》对风貌地区的建筑高度、形态、色彩、样式等采取管控措施，并对影响风貌保护的建设、森林采伐等行为进行严格的限制。

3）城市规划区以外的地区

城市规划区以外的地区占国土面积的 74%，市町村行政单元总数的 37%。其中的建设用地主要是现有农村居民点、别墅、休闲娱乐设施和一些公共设施、文化交流设施。此外的大部分是农田和林地、草地等自然生态属性的用地。其中，很多地方承担着城市居民的休闲娱乐功能和水土保持、水源涵养、生物多样性保护等重要生态功能。从国土空间保护利用的目标出发，这些地区的环境管理目标原则上是维持和保护现有的土地利用形态。

城市规划区以外的地区，对开发建设同样采取开发许可制度，但是阈值设定上比城市规划区内部宽松一些。原则上 1 hm² 以上的建设才需要开发许可，同时，为了防止这类地区的居住用地开发过于密集，保证环境质量，地方政府对住宅地块面积一般规定一个下限（如不得小于 200 m²）。城市规划区以外的管控对象包括农田、公园和绿地等，也是管控的重点。

其中，针对农田的管控包括用地性质的转换和产权的转换两类，根据农田的区位、规模、产出能力和耕作条件分为不同等级，按等级实施管控。例如，位于农业振兴区域整备计划内或具有优良耕作条件的优等农田不许转换；对铁路站点附近具有显著城镇化倾向的农田，则原则上可以转换。

林地管控的主要依据《森林法》。对保护林和纳入区域森林规划的私有林，超过一定规模的土石方采挖、开垦、修建宽度超过 3 m 的道路，超过 1 hm² 的建设，都必须经过都道府县的许可。

自然公园的管控包括国家公园和都道府县自然公园，主要依据《自然公园法》，对核心区、普通区分别实施管控。核心区的各种建设和土地形状的更改都必须经环境大臣（国家公园）和都道府县（都道府县公园）

的许可。普通区一定规模以上的建设和土地形状的更改需要向都道府县
提出申报。

自然保护区的管控对象分为原生自然保护区和其他自然保护区。原
生自然保护区禁止各种建设和土地形状的更改。其他自然保护区的建设
和土地形状的更改必须向都道府县提出申报。

4）实施效果

在快速城镇化时期，日本借由这样的制度设计，保证了市街化地区
的有序扩展；同时，通过对市街化调整地区实施严格的空间管控，使城
市周边的农林渔业用地得以保护，为城市发展创造了优良的生态环境。

表 5-7 是日本城市规划区和地域划分实施情况的统计。从中可以很清
楚地看出，地域划分制度的实施对城市空间的发展和农业生态空间的保
护和利用起到了很大作用。随着城市人口的增长，市街化地区的面积基
本得到了有效控制。现在，纳入城市规划区的市町村行政单元数占全国
的 62.4%，其面积只有国土面积的 26.1%，而人口占全国的 92.5%。

城市规划区的划定，使《城市规划法》和《建筑基本法》中关于建
筑物单体的法规（如地块与道路接合面宽、日照和形状控制要求、用地
红线的退后等个体开发建设行为规则）得以在划定区域内整体实施，保
证了土地利用的合理性。各类交通基础设施、公用设施、公园和环境处
理设施等在城市规划区内按照规划合理配置，保障了城市的安全、健康
和便利性。

此外，《城市再开发法》《土地区划整理法》《城市公园法》《城
市绿地保护法》《历史文化保护法》等法律法规都是建立在城市规划区
的空间范围上，可以说，城市规划区是日本各类空间规划的基础性制度。
日本《地方税法》还规定，市町村要对城市规划区内所有土地和房屋所
有者征收城市规划税，用于补贴城市规划建设和土地区划整理费用，土
地主管部门每年要发布城市规划区内的标准地块的地价。

表 5-7　日本城市规划区和地域划分实施情况

年份	划定城市规划区的地区				地域划分的地区			市街化地区		市街化调整地区
	城市规划区数	市町村行政单元数（全国）	面积（全国）/万km²	人口（全国）/万	城市规划区数	市町村行政单元数	面积/万km²	面积/万km²	人口/万	面积/万km²
1968	—	—	—	—	253	648	3.56	1.03	5 413	2.53
1983	1 208	1 902（3 255）	9.16（37.78）	10 620（11 932）	320	840	4.98	1.32	7 437	3.66
1990	1 251	1 945（3 239）	9.39（37.78）	1 122（12 316）	329	839	5.07	1.37	7 990	3.7
1995	1 285	1 987（3 235）	9.69（37.78）	11 443（12 491）	336	840	5.18	1.4	8 155	3.78
2000	1 311	2 016（3 229）	9.85（37.78）	11 681（12 629）	337	842	5.21	1.43	8 377	3.77

资料来源：根据日本城市规划年报整理。

4. 日本生态环境分区的经验借鉴

随着城镇化和工业化进程的加快，生态系统不断退化、环境质量不断恶化等生态和资源环境形势日益严峻。日本政府从 20 世纪 70 年代开始重视国土空间污染问题，并开始实施全国性的环境行政行为，通过设置管理机构和加强空间立法对区域进行管制。其分区环境管理的主要经验有：

（1）设置专门的区域管理机构

为保障规划的编制和实施，协调规划涉及的部门和区域，日本在国家层面设立有专门的区域管理机构。日本在国土交通省设有国土厅，专门负责国土规划的编制和实施过程中的协调、监督等工作。在开发与保护出现冲突时，区域管理机构可在更高层面权衡利弊，做出决策，从而避免地方政府各自为政，出现开发秩序的混乱。

（2）加强立法工作

日本确立了与空间规划体系相配套的法规体系。国土规划遵从《国土综合开发法》（2005 年后改为《国土形成规划法》），国土利用规划遵从《国土利用规划法》，农业区域、森林区域、城市区域、自然公园和自然保护区均有其配套法规，《城市规划法》仅适用于城市区域不断对新型的国土规划体系和制度展开探索，以适应时代变化对空间规划的要求。

（3）实行分要素管理措施，实施差异化管控

为防止城市空间的无序扩张和环境恶化，提高市街化地区的空间品质，日本对城市规划区进行了更进一步的地域划分，将其分为市街化地区和市街化调整地区。两类地区实行不同的管控政策：市街化地区，原则上超过 1 000 m^2 的土地开发行为需要开发许可；市街化调整地区，所有开发行为都需要开发许可。

四、美国城市建设和生态环境分区管控的经验分析

美国在 20 世纪六七十年代经历了城市郊区化、旧城改造、房地产开发、基本农田保护、土地利用率等城市问题的困扰，其将城市规划作为

应对和解决城市问题的重要手段，摸索和制定相应的城市增长管理的政策，这对解决城市低密度无序扩张、维护生态系统、激发城市活力具有重要意义。1999年美国世界观察研究所在《为人类和地球彻底改造城市》的研究报告中指出应该把目光放得更长远，走生态化道路，引导人们充分重视城市规划中的生态因子和环境因子。

（一）美国城镇化进程中的生态环境问题

19世纪以来，工业革命在美国的勃兴促进了其工业化和城镇化的迅猛发展，带来了繁荣的商业、便捷的生活方式以及各种社会福利，然而美国城市的发展从来不是一帆风顺，发展过程伴随着一系列的人口、产业和环境问题，人口和产业源源不断地向城市聚集，城市生活和生产的负面效应逐渐暴露出来：人口的无节制增长、不合理的消费模式以及粗放的工业生产方式等都对城市赖以生存和发展的生态环境造成了破坏性影响，城市可持续发展受到严重威胁。美国作为生态环境保护的先驱，也曾走过"先污染后治理"的道路。

在美国工业革命开始后的19世纪50年代，为了推动经济的发展，美国毫无节制的开发建设活动使环境受到较大影响，导致环境污染严重，物种灭绝、水土流失、森林植被破坏等生态问题。

林草资源破坏严重。19世纪80年代，美国中北部地区的森林覆盖面积高达50%，但是由于砍伐速度高于森林自然恢复速度的30多倍，所以有很多州的森林资源到了20世纪就已经消失殆尽。另外，由于植被的破坏而导致了大量的水土流失现象，当时美国农业的主产区密西西比河流域因水土流失损失的土壤高达4亿多t。

野生动物资源消耗突出。在对自然的掠夺式开发过程中，北美野牛付出的代价最为惨重。北美野牛曾经被估计有4 000万～6 000万头，到了19世纪80年代，对野牛皮的商业需求导致野牛被大量捕杀，开始处于濒临灭绝的边缘。

土地资源浪费严重。美国土地资源非常丰富，因此农场主很少关心水土保持，总是尽量地消耗地力，一旦地力耗尽，便往西部去寻找更肥沃的土地。在竞争中，生产者也滥用土地，使土壤肥力减退，土质变得贫瘠。

沙尘暴频发。典型的表现是 19 世纪 30 年代开始的一连串的震惊世界的"黑风暴"灾难。"黑风暴"波及美国本土 20 多个州，大平原 100 多万英亩（40 多万 hm²）农田的 2 ～ 12 英寸（50.8 ～ 304.8 mm）的肥沃表土全部丧失，变成一片沙漠。

美国城市建设过程中的不当行为，给生态环境造成了严重影响。尤其是当城镇化水平达到 50% 时，会出现城乡或区域的空间协调、经济发展与环境保护的矛盾等问题。在这种背景下，美国政府开始对开发模式进行反思，注重空间规划作用，试图通过合理的生态环境分区规划，减轻经济发展对环境的压力，并解决建设无序、资源低效和生态破坏等问题。

（二）美国空间规划体系特点

随着美国整个社会经济环境的不断变化，城乡发展面临的新问题不断涌现、矛盾逐渐凸显，这些都进一步强化了空间规划在国家治理体系和调控手段中的重要地位。经过近百年的发展，美国形成了较为完善的空间规划体系，各层规划定位清晰、功能互补，形成以地方为主导的运行体系。

从空间规划目标来看，在不同的时期，美国的规划目标有所不同。在战后恢复和繁荣时期，空间规划主要侧重于自然资源的开发，目标是提高贫困地区人民的生活水平，缩小地区间差距；在经济危机和振兴时期，空间规划的内容侧重于产业结构调整、国土综合治理，目标是增强国力以及现代化建设；20 世纪 90 年代以后，各州的空间规划都将提高人民的生活水平作为主要目标。

从空间规划层次来看，美国的空间规划体系包括州规划、区域规划、地方规划和社区规划 4 个层次。州规划的主要任务是制定战略目标和措施，主要内容包括经济发展、土地利用、基础设施建设及环境等方面，旨在建立州域共同目标及开发优先开发地区的共识，控制"外延"模式、提倡紧凑开发，应对环境退化和损毁。美国没有全国统一的空间规划体系，各州的情况也有较大差别，一些州规划体系完备，相互衔接，而一些州则只是在部分层级或地区编制规划，具有多样性和自由型的特点；区域规划主要解决跨界和州际问题，以及具有区域重要性的重点区域、区域基础设施建设问题。从区域的重点问题出发，区域规划包括管理增长、保护生态和保护农业遗产等多种类型。地方综合规划包括公共安全、交通、公共设施、财政健康、经济目标、环境保护及再分配目标。总体规划时限较长，一般在20年左右。地方总体规划通过《土地用途管制分区》和《土地细分》具体实施。

（三）俄勒冈地区城市增长边界划定的案例分析

划定城市增长边界是美国地方政府限制城市空间向外无序扩张、保护自然生态开敞空间的一项主要政策。其中，俄勒冈州的案例很有代表性。城市增长边界是源于西方国家以控制城市无序蔓延、明确城乡空间为目的而提出的一种空间规划管理措施。从本质上说，城市增长边界并不是为了限制城市增长，而是为城市未来的潜在发展提供合理的疏导，将城市增长空间引向最合适的地区。城市增长边界是指在城市周围形成一道连续、封闭的界限来管制城市的增长。这条边界围绕城市建立了一条绿化带，不仅在区域层面上保护了自然生态开敞空间，而且将城市开发控制在增长边界以内，形成集约紧凑的城市空间格局。1973年，美国俄勒冈州最先提出城市增长边界概念，将其应用于区域土地管理并一直执行至今。下文主要介绍俄勒冈州历次城市增长边界的主要做法，以期为我国城市空间管控提供重要指导。

1. 城市增长边界政策的背景和特征

俄勒冈州位于美国西北部太平洋沿岸，陆域面积24.9万 km^2，排在全美第10位，虽然面积很大，但是60%的土地不适宜居住，俄勒冈州东部2/3的地方都是沙漠，西部是威拉米特河谷。2013年州人口393万人，居全美第27位，其中40%的人口聚集在波特兰地区，前12大城市中有11个在威拉米特河谷，因此在威拉米特河谷地区城镇建设与农田保护之间的矛盾十分尖锐。

　　1950—1970 年，俄勒冈的人口增加了 40%，从 150 万人增长到 210
万人，农用地每年减少 8.5 万英亩（343 km^2）。城市的快速蔓延不但给
地方财政带来沉重的基础设施和公共服务负担，而且给农用地保护带来
了巨大压力，因此，地方政府和民众对保护农用地的现实需求愈加强烈。
与此同时，这一时期，环境保护受到美国社会各界的广泛重视，民间环
保力量逐渐兴起，成为地方经济社会发展中需要考虑的重要因素。地方
政府以及普通民众对保护农用地和自然生态环境的意愿及社会氛围的改
变孕育了城市增长边界的萌芽，见图 5-6。

图 5-6　俄勒冈州的地形地貌特征

资料来源：李新阳，波特兰的城市增长边界。

　　1973 年，俄勒冈州议会制定《俄勒冈土地利用法》，成立了俄勒
冈州土地保护与发展委员会（Conservation, Development Commission,
LCDC），确立了 19 个总体规划目标，在第 14 个规划目标（城镇化）中，
明确提出各县、市以及区域政府都有职责划定并维护城市增长边界。
　　回顾俄勒冈州城市增长边界政策制定，主要有三个特点：①切合当

时经济社会发展需要及公众利益。城市增长边界作为限制城市蔓延、保护农用地的手段，在政策提出的时候，是受到地方政府、普通民众拥护的，是促进地方政府、普通民众利益的政策。②注重各个城市增长边界之间的协调关系。城市政府、县政府在总体规划中都需要划定城市增长边界，县划定的增长边界需要县级政府和市级政府共同批准，城市增长边界的划定并不能局限在某一层级上。③考虑空间布局的完整性。划定城市增长边界并不是一定要在自身的行政管辖范围内划定，可以根据情况与周边地区一并考虑。

2. 城市增长边界的划定方法

（1）基于增长管理评估方法的结果

确定当前的增长率，判断 UGB 能否满足未来的住房和就业所需的足够空间。波特兰地区 1979 年通过了最初的城市增长边界。如图 5-7 所示，UGB 已经扩大了大约 3.14 万英亩（12 717 hm²）。在同一时期内，UGB 内的人口增加了 50 多万人。这意味着城市增长边界内的人口增长了 61%，而面积只扩大了 14%。

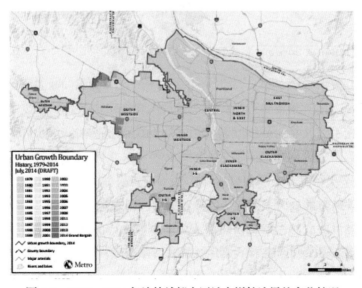

图 5-7　1979—2014 年波特兰都市区城市增长边界的变化情况

2006—2012 年，三个地区就业也有很大变化（图 5-8）。虽然在中部地区仍有约 25% 的工作存在，但该地区损失了 2 300 个工作岗位（1.2%）。内部 1～5 地区的就业人数大约减少了 2 200 人，占 2006 年就业人数的 11.0%。这些地区许多公司涉及房地产和金融方向，房价下降严重影响这些公司。例如，奥斯威戈湖的 Kruse Way 在 2012 年的办公空置率为 22.4%。在该地区的东南部，外部 Clackamas 和外部 1～5 区共失去了约 3 400 个工作岗位即 3.2 个百分点。相比之下，外围西部地区就业人数增长最多，获得 5 800 个就业岗位，增长 5.6%。东部 Multnomah 也获得较多的就业机会，增加了就业人数 1 800 或 2.7%。

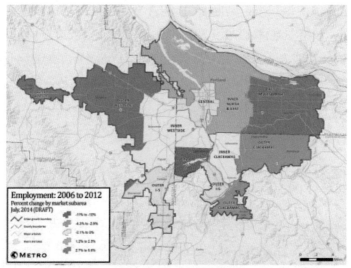

图 5-8　2006—2012 年波特兰都市区 UGB 中的就业增长和流失情况

（2）人口和就业的期望值

以市场为基础的土地和运输计算模型，用于测算 7 个郡县（波特兰 / 温哥华都市区）城市增长边界内人口和就业岗位的增加量。研究者用该模型表明，约 75% 的新住户和工作地将位于 UGB 内。在边界内，容纳的区域增长份额取决于所选择的预测范围。预计 2015—2035 年，Metro 城市增长边界内将增加 30 万～48.5 万人（图 5-9）。2025 年 UGB 将有大约 40 万人。这相当于将 Hillsboro 市现有 4 倍以上的人口增加到 UGB。据估计，2015—2035 年，Metro 城市 UGB 内将增加 8 万～ 44 万个工作岗位（图 5-10）。2025 年约有 26 万个工作岗位。

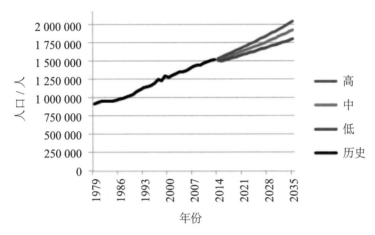

图 5-9　1979—2035 年 Metro 城市增长边界内的历史和预测人口

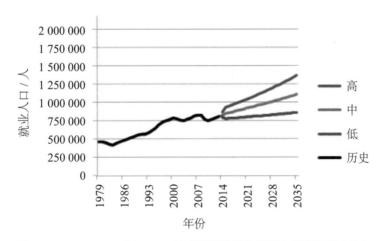

图 5-10　1979—2035 年 Metro 城市增长边界内的历史和预测就业人口

3. 城市增长边界划定的主要历程及做法

从 1979 年到目前城市增长边界的发展过程大概可以分为三个阶段：1979 年、1994 年以及 2011 年，每版城市增长边界解决的城市问题和实现的目标均存在较大差异。

（1）1979 版城市增长边界划定

本阶段城市增长边界的划定主要是为了满足城市增长的需要，容纳未来 20 年人口增长，同时也有提高土地利用效率、保护农田、提高公共服务设施配置效率的要求。从空间规划视角来看划定方式是比较被动的。其划定目标是稳定用地政策，而不是为了限制增长。事实上，1979 版划定的城市增长边界并未能达到限制农用地减少的目的，1982—1992 年，俄勒冈州的农田减少了 8.9 万英亩，其中 66% 发生在威拉米特河谷。可见，城市增长边界仅仅是控制了发展方向，并没能有效控制开发强度和开发模式。

这一版的城市增长边界，主要是通过供给分析与需求分析相结合的方法来划定。图 5-11 展示了俄勒冈州中心城市波特兰的城市增长边界的编制框架。供给分析类似于现在的土地适宜性分析，需求分析是指对居住用地、产业用地、公益半公益用地需求进行预测，然后结合市场因素，增加了 25% 的弹性区间，以便划定的城市增长边界能够应对未来 20 年城市发展的不确定性。

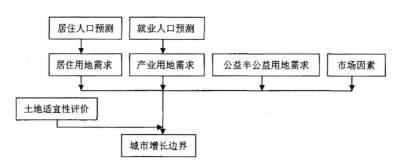

图 5-11　波特兰 1979 版城市增长边界编制框架

（2）1994 版城市增长边界划定

1994 年，波特兰都市区政府编制了《2040 区域增长远景规划》，更新了划定城市增长边界的基本方法。首先，讨论城市增长模式的不同情景（图 5-12）及各情景对城市发展的影响（图 5-13）。情景一为扩张现有城市增长边界来容纳增长，新增城市用地主要集中在城市边缘地带；

情景二为不扩张现有城市边界，向内进行紧凑式开发；情景三为对内填充和卫星城模式并存，沿交通走廊和城市组团向外扩展。

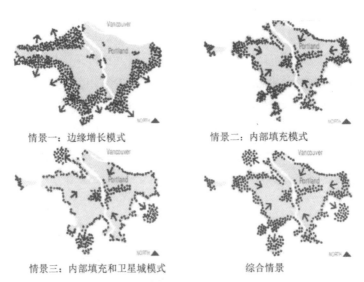

情景一：边缘增长模式　　　　　　情景二：内部填充模式

情景三：内部填充和卫星城模式　　　　　　综合情景

图 5-12　波特兰都市区的四种城市增长情景

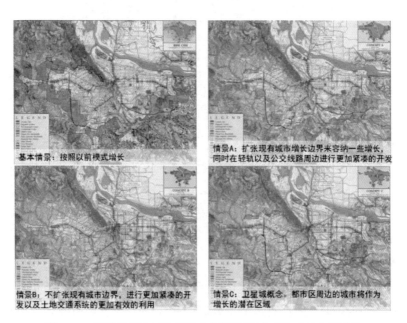

基本情景：按照以前模式增长

情景A：扩张现有城市增长边界来容纳一些增长，同时在轻轨以及公交线路周边进行更加紧凑的开发

情景B：不扩张现有城市边界，进行更加紧凑的开发以及土地交通系统的更加有效的利用

情景C：卫星城概念。都市区周边的城市将作为增长的潜在区域

图 5-13　波特兰都市区在四种空间增长模式下的对应空间结构

　　其次，在此基础上，根据综合情景，结合土地利用现状、主要街道、城市交通廊道和枢纽位置，划定城市增长边界。

　　（3）2011 版城市增长边界划定

　　2011 年，波特兰都市区对城市增长边界再次进行了修编。2011 版城市增长边界划定的目的是确定城市储备地、划定乡村保留地（图 5-14）。2008 年开始划定"Urban, rural reserves"，其中城市储备地是未来 50 年内适宜作为城市发展的用地，优先作为城市增长边界扩张用地，乡村保留地是在未来 50 年内都要保护为农业、林业、湿地、河流、丘陵以及泛滥平原的用地，而未指明区域也可以作为城市增长边界扩张区域，优先度要低于城市储备地。

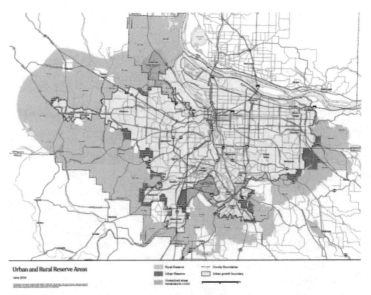

图 5-14　波特兰都市区城市储备地和乡村保留地划定

4. 实施成效

　　从成效上看 [23]，首先，城市蔓延得到控制，优化了空间结构。俄勒冈州土地利用系统建立的两个主要原因是渴望保护农场和林场的生产经营和限制无效的蔓延。根据 Metro 的《2014 年城市发展报告》，波特兰地区的城市增长边界在 1979 年设定，1979—2014 年城市增长边界内的人口增长了 61%，同期增长边界面积只扩张了 14%。

其次，土地利用集约性显著提高。城市增长边界政策对于土地集约利用体现在两方面：一方面是该政策直接影响土地的供给。1982—1997年，地方土地利用法规使新开发用地供应总量减少了 10%。另一方面该政策促进城市增长边界内用地集约化使用。在波特兰大都市区，1998—2012 年，94% 的新住宅单位都建在 1979 年最初设定的城市增长边界内。

最后，保护农田和森林。俄勒冈州政府要求地方政府必须优先利用城市增长边界内的土地，增长边界以外的土地专门用于农田、森林或一些规定的特殊用途。此外，俄勒冈州要求土地保护和开发部每年发布业绩报告，对城市增长边界的扩张和农业、林业用地的使用情况进行评估，将新增划入城市增长边界的土地纳入评估指标并设置了标准，并对转为城镇用地的土地类型进行了限定。规定每年城市增长边界内的新增土地中至少有 55% 是非资源用地，已有分区划定的农业或森林用地不得转用，见图 5-15。

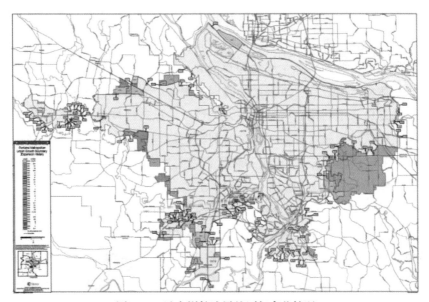

图 5-15　城市增长边界的历年变化情况

（四）美国生态环境分区管控值得借鉴的经验

空间规划作为城市治理和管理的主要工具，正面临着从增量规划向存量规划转型，而在空间规划中践行环境分区管制正是适应该趋势的重要手段之一。生态环境分区管控对于协调社会经济环境发展，实现区域范围内的生态保护和污染物治理意义重大。以美国为主的发达国家率先编制区域规划，并将环境保护纳入空间规划体系中，通过完善法律法规体系、建立分区管理制度、实行差别化管控等手段和措施，在整体上促进区域生态环境建设和城市发展。其分区环境管理的主要经验有：

1. 将环保要求纳入空间规划

从空间规划的编制内容来看，开发建设内容不断淡化，社会因素与生态因素越来越受到重视，特别是环境保护的内容明显加强；从规划的法律地位来看，其权威性逐渐增强，甚至成为一国开发建设和生态保护工作的统领性规划。

2. 强调环境问题突出区域的整治

将问题区域一般分为落后区域（农业区域或自然条件较差的区域）、萧条区域（以老工业区域居多）和膨胀区域（经济密度过高而导致的环境恶化区域）三类。对于三类问题区域，环境政策也存在明显差异。其中落后区域的政策重点一般是加强资源开发中的生态环境保护，通过发展生态旅游来促进经济发展，同时保护生态敏感区域；萧条区域的管理重点则是历史遗留生态问题的综合治理，通过扶持接替产业和替代产业来改善区域环境质量等；膨胀区域则重在促进传统产业向外围转移，加强环境基础设施建设等，以此来减轻区域的生态压力，提高环境质量。

3. 设立专门的保护区域

对特殊区域进行专门保护，是世界各国的通用做法，其中生态敏感区是面积最大的保护区域。例如，美国将保护区分为三类：第一类是以保护自然生态系统为主的区域，包括国家公园、国家禁猎区以及部分国家纪念保护区；第二类是以生态旅游资源为保护对象的区域，包括国家游憩区、国家海滨和国家湖滨等；第三类是历史文化遗址保护区，包括国家历史公园、国家军事公园。

4. 分区中体现环境标准化差异

根据各个地区的环境容量，确定发展目标、路径。对于经济发展落后而环境容量大的区域，环境标准可适当放松。对于经济发展水平高、环境容量小的区域，则应当制定更为严格的环境标准，采取环保优先的发展战略。美国作为联邦制国家，各州具有一定的立法权，从而保证了各州在执行联邦环境保护标准的基础上，可根据自身要求制定体现区域特点的环保标准。具体而言，联邦负责制定针对全国的环保法规，各州则根据自身情况，进一步制定适用于本州的环保法规和标准，并在要求上体现本州的特点。

5. 注重分级的管理模式

州层面负责城市增长边界相关法律、原则以及管理政策的制定，地方层面负责城市增长边界的具体划定和实施管理。这种增长管理制度一方面强化了城市增长边界管理的标准化，另一方面有利于地方政府在实施阶段因地制宜地制定增长管理政策。

第四节　发达国家空间管控政策的经验借鉴和建议

近两年来，我国已经把空间规划体系改革列为深化体制改革的一项重点任务。空间规划分为国家、省、市（县）三级，其中国家空间规划以国家主体功能区规划为基础，以落实划定生态保护、永久基本农田和城市开发边界"三条控制线"为目的，以省为基本单元，突出对国家发展规划和省级空间规划的管控和约束，承担全国国土开发用途管制的顶层设计功能。省级空间规划依据国家空间总体规划，以省级主体功能区规划为基础，以市（县）为基本单元，突出对市（县）规划的管控和约束。

我国的这种空间规划体系类似于德国的垂直型空间规划体系，具有自上而下分工明确，上位规划对下位规划起战略指导作用，各层级关系联系紧密的特征。借鉴西方发达国家的经验，并考虑我国国情、发展阶段特征及当前的政策需求，我们试从空间规划立法、空间范围确定、分区要素管控、微观主体能动性几个方面提出政策建议。

一、完善空间规划立法，保证生态环境的分区管控与城市建设等其他功能相互协调

空间规划的编制、实施及其预期效果的实现离不开空间规划法律法规的保障。这不仅是要求通过立法保证生态区划、生态功能区划、水环境功能区划、生态红线等单一的生态功能分区管控的内容，而且要和城市建设等功能指向的分区管控内容一同立法。生态环境的保护和管控仅仅依赖基于各环境要素的功能区划，如生态区划、生态功能区划、水环境功能区划等是不够的，因为城镇建设和其他用地需求的冲突才是无序建设得不到有效控制的根源。因此，空间规划的立法必须要涵盖整个区域，明确城市建设与生态环境的分区管控的原则，形成包含城市建设的管控范围和边界、农业和生态保护红线的管控范围和边界的整体方案。只有这样，才能解决由于各类规划编制部门规划目的、期限、技术标准不同，或责权在不同部门之间分置的主从关系难以确定而造成的规划协调难题，才能通过配套政策的跟进为城市建设和生态环境分区管控规划的实施和常态化管理提供长期保障。

二、加强城市建设与生态环境分区管控的技术方法和编制规程的研究，保证其科学性

综观美国、德国、日本城市建设和生态环境分区管控的历史经验，有一个共同的特点，就是有扎实的空间规划技术体系作为支撑。如德国，联邦、州、地区三个层次的综合规划目标明确、内容完整，上位规划对下位规划起到有效的战略指导作用。日本的地域划分制度对城市规划单元的界定、市街化地区范围及其规模的制定、市街化地区和市街化控制地区的空间管控均制定了明确的标准，保证了空间规划的透明性和客观性。

　　可见，完善的技术规范和严谨的编制规程，是城市建设和生态环境分区管控规划的科学基础。在实践中，科学的技术方法和编制规程在城镇开发建设活动的引导和管控中显得尤为必要。一方面，大规模的城镇建设活动往往最先发生在资源环境承载力最强、最易于开发的国土空间上，并不断扩张以致蚕食其他用地，这极易产生与其他用途之间的竞争和矛盾。因此，城市空间管控边界的划定必然涉及与农业、生态等其他分区在规模指标和空间位置上的协调。这类规划冲突单靠图形或数字游戏是难以真正协调解决的，如果没有科学的支撑，过多关注部门利益的协调只会导致规划论证的科学性不足，规划的权威性和稳定性也无从保证。因此，要想真正地解决问题，必须靠明确、有说服力、得到大家认同的规则。另一方面，科学的方法也使得空间规划的编制单位在与地方政府的讨论中掌握了主动性，能够客观地回应地方发展诉求，科学谋划城镇发展。因此，只有制定了科学的标准和规程，才能为规划的编制和落地实施提供可靠的技术支撑。

　　首先，需建立城市建设和农业、生态空间分区分类的科学指标和方法体系，根据各个区域的实际情况确定合理的指标、参数和模型。其次，由于生态系统的完整性不受行政单元的限制，因此应该充分尊重区域自然生态环境与社会经济环境的基础，以自然边界为单元自上而下地建立全国、省、市（县）等不同层级的分区规划方案，进而确定各个分区的差异化的生态环境管控目标、治理保护措施和考核评价要求。

　　在空间分类体系上，为了保证生态功能分区与其他功能指向的空间有机衔接，不同部门的空间分类体系应该统一，如农产品提供功能区应包含土地利用规划中较为集中的耕地和园地，林产品提供功能区和水源涵养区应包含绝大部分的林地、水域和湿地。在基础数据上，各个规划部门应统一数据基础，明确数据来源以及数据形式，完成各类空间基础数据坐标转换，建立空间规划基础数据库，从而为城市建设和生态环境分区管控提供技术层面的保障。在空间布局方面，必须要注意生态保护红线、生态功能区之间的空间关系及其与城市增长边界、永久基本农田等控制界线的空间关系。不同类型的管控界限不应交叉或重叠，以免造成空间管控的交叉和责权利的冲突，或导致未来的频繁调整。在管理调控方面，有必要建立统一的空间规划协调管理机构，对管控目标、空间范围和界限的调整等问题实施综合管理。

三、强化环境保护部门的垂直管理，按照生态环境功能实施有效的分区管控

当前我国环境管理的权限和操作层面属于地方政府，这种以传统的行政区划为管理单元的方式，使得环境空间管控机制带有强烈的属地特性。然而，不少生态环境问题，如大气污染、生物多样性减少等是不受行政区界线限制的，通常会超越行政管理的界线并因之而产生环境冲突与污染叠加等问题。囿于行政地域的管理可能会导致生态环境分区范围和界线难以划定，也会使生态问责等措施落实不到位。

发达国家在空间管控单元划定方面的经验，如日本的城市规划单元打破市町村行政界限、把自然界限与行政界限适度结合的经验给予我们很多启示。环保部门应该强化垂直管理，在充分把握自然生态环境界限与各个地域单元的社会经济关联性的基础上，合理确定生态环境分区管控的地域单元，并根据各个分区的主导产业和污染特征确定差异化的生态环境目标、治理保护措施和考核评价要求。

四、明确生态环境分区管控的重点地区，集中力量对重点要素、重点问题进行治理

在自然地理条件、资源环境承载能力、区位和经济社会发展潜力的作用下，我国各地环境管理所面临的主要矛盾和需优先解决的生态环境问题具有很大差异，生态环境空间管控管理必须具有针对性。当前，大气、水、土壤等既是提供生态产品的环境要素，又是容纳污染物的主要环境介质，环境治理的重点就是深入实施大气、水、土壤生态环境要素的污染防治行动计划。尤其是"京津冀""长三角""珠三角"等重点区域

要建立大气污染防治区域联动，淮河、巢湖流域要建立水污染防治区域联动，切实改善水环境质量。针对城镇化、工业化、基础设施建设等开发建设活动过度占用生态空间、城市型污染日益加重等问题，首先应该对各个空间分区内的现状开发强度进行全面的摸底调查，在此基础上，制定针对不同分区的建设空间和生态空间比例、建设容量、空间形态等管控标准，同时，需合理确定空间管控的弹性，为未来发展预留空间。

（一）综合评估各地域的环境、经济和社会功能，以环境效能为导向制定生态环境管控目标

需要注意的是，在确定各个分区的环境管控目标时，不仅要考虑各个分区污染物排放、环境风险及环境容量状况，还要考虑其功能定位和在整个区域、整个城市中承载的经济功能（如对经济、就业的贡献）和社会服务功能，从"综合环境效能"的视角确定生态环境管控的目标和治理保护措施。综合环境效能低值区以"控制风险、限制开发"为管理目标，严禁不符合环境功能定位的建设开发活动在低值区开展，严格控制引入高风险源产业，加强对小、污、散等风险企业排放进行监督和管理；综合环境效能高值区强调空间合理引导，以"规避风险、适度发展"为管理目标，根据污染企业退出清单，搬迁、关闭高风险源企业。

（二）根据城市建设和生态环境分区，制定差异化的环保考核制度

我国大部分地区已经划定了生态保护红线，并在生态红线划定的基础上，实施生态保护与环境修复。今后，随着空间规划改革的推进，各地将更加广泛地开展城市建设和生态环境的分区管控规划。在此基础上，需以地级和市（县）级行政区为基本单元，健全城市建设和生态保护红线台账系统，制定分区实施生态系统保护与修复方案。严格落实分级管控措施，特别是加大生态红线区域保护考核力度，完善工作责任制度、考核奖惩制度、考核督查制度。同时，还需加强区域与跨区域生态环境监测网络的建设，建设涵盖大气、水、土壤、噪声、辐射等生态环境全要素的监测网络，完善网格化环境监管体系，将污染源环境监管责任落实到具体地域。

（三）积极发挥微观主体能动性，推动环境空间质量改善

重视对微观主体的行为引导，空间规划是国家行为与社会行为的统一，是国家利益和公众利益的体现。美国、德国和日本允许利益相关方参与区域规划制定的各个阶段，从而使空间规划保持较高的参与度和透明度。日本的环境保护主体表现为政府、企业和公众的"三元"结构。各主体之间相互配合、相互监督、相互制约，全民性参与污染防治及环境保护。中国以往一些规划存在可行性不高、实施难度大等问题，从表面上看可能是由于规划编制过程中未能化解各利益主体的冲突，但深层次的原因也在于编制和实施中缺乏公众的广泛参与，各利益主体的关系没有协调途径，造成规划流于形式、执行力不足。

为此，需要将政府的环境空间管控职能的发挥与微观主体的能动性相结合。一方面，政府部门在制定空间管控政策、措施时要充分考虑市场运行的可能性，利用资金导向，为适宜开发的区域优先提供资金帮助，将开发引入该地区，运用税收制度对生态保护区、环境脆弱区的污染的排放加以控制，从而实现空间资源的最优分配。另一方面，要发挥企业污染治理主力军的作用，利用技术创新、自主减排的方式主动改善环境质量；通过市场化运作，将污染处理交给专业治污公司，降低治污规模的不经济问题；通过灵活的经济补偿机制，缓解与周边居民的矛盾。

参考文献

[1] 崔莉. 城乡空间管制规划方法初探 [J]. 中华建设, 2009(10): 50-51.

[2] 石洪华. 典型城市生态风险评价与管理对策研究 [D]. 青岛: 中国海洋大学, 2008.

[3] 俞龙生, 于雷, 李志琴. 城市环境空间规划管控体系的构建——以广州市为例 [J]. 环境保护科学, 2016(3): 19-23.

[4] 史怀昱, 陈健. 新时期城市空间管控体系构建与榆林实践 [J]. 规划师, 2016(3): 120-124.

[5] 邹兵. 增量规划向存量规划转型: 理论解析与实践应对 [J]. 城市规划学刊, 2015(5): 12-19.

[6] 唐燕秋, 等. 关于环境规划在"多规合一"中定位的思考 [J]. 环境保护, 2015, 43(7): 55-59.

[7] 朱江, 谢南雄, 杨恒, "多规合一"中生态环境管控的探索与实践——以湖南临湘市"多规合一"工作为例 [J]. 环境保护, 2016, 44(15): 56-58.

[8] 樊杰. 省级空间规划试点工作的意义、创新要点和工作重点 [J]. 2017.

[9] 蔡玉梅, 高平. 发达国家空间规划体系类型及启示 [J]. 中国土地, 2013(2): 60-61.

[10] 李雱, 彼得·派切克. 基于数字水文地形模型的景观水系优化设计——德国埃尔廷根—宾茨旺根段多瑙河河流修复 [J]. 中国园林, 2013(8): 30-34.

[11] 谢英挺, 王伟. 从"多规合一"到空间规划体系重构 [J]. 城市规划学刊, 2015(3): 15-21.

[12] 曲卫东. 联邦德国空间规划研究 [J]. 中国土地科学, 2004(2): 58-64.

[13] 谢敏. 德国空间规划体系概述及其对我国国土规划的借鉴 [J]. 国土资源情报, 2009(11): 22-26.

[14] 周颖, 濮励杰, 张芳怡. 德国空间规划研究及其对我国的启示 [J].

长江流域资源与环境, 2006(4): 409-414.

[15] 赵珂. 城乡空间规划的生态耦合理论与方法研究 [D]. 重庆 : 重庆大学, 2007.

[16] 柴舟跃, 谢晓萍, 尤利安·韦克尔. 德国大都市绿带规划建设与管理研究——以科隆与法兰克福为例 [J]. 城市规划, 2016(5): 99-104.

[17] 孟广文, 尤阿辛·福格特. 作为生态和环境保护手段的空间规划 : 联邦德国的经验及对中国的启示 [J]. 地理科学进展, 2005(6): 21-30.

[18] 耿海清. 国外分区环境管理实践及其对我国的启示 [J]. 环境与可持续发展, 2012(4): 37-40.

[19] 邬晓燕. 德国生态环境治理的经验与启示 [J]. 当代世界与社会主义, 2014(4): 92-96.

[20] 李婷. 论美国现代化中的环境问题对我国生态文明建设的启示 [J]. 牡丹江大学学报, 2016(5): 22-24.

[21] 武朔. 美国工业化进程中生态环境治理的三维度研究及启示 [D]. 北京 : 北京林业大学, 2014.

[22] 张弢, 陈烈, 慈福义. 国外空间规划特点及其对我国的借鉴 [J]. 世界地理研究, 2006(1): 56-62.

[23] 郭其伟, 陈晓键, 朱瑜葱. 俄勒冈州城市增长边界实践及其对我国的启示 [J]. 西北大学学报（自然科学版）, 2015(6): 1007-1011.

[24] 贾卉. 区域发展中的空间管制问题研究 [D]. 西安 : 西北大学, 2009.

第六章　绿色城镇化发展与新区建设国际经验[*]

第一节　国内外城市新区建设经验

一、国外典型新城新区建设案例分析

国外新城新区建设从起步到完善经历了上百年时间，其新城新区建设的问题导向性比较明显，最初的建设目的是缓解由于资源过度配置而导致的老城区衰败，建设以功能过于单一的"卧城"为主，这并不能完全解决城市社会、经济和环境问题。于是，不少城市开始培育以综合功能为主的城市新区，并且在主导产业培育、生态环境建设、城市规划的应用等方面积累了丰富的经验。

（一）绿色之城：英国米尔顿·凯恩斯新城

米尔顿·凯恩斯（Milton Keynes），隶属英国白金汉郡，位于伦敦西北约72 km处，2013年人口数为25.57万人，规划面积为8 848 hm²。米尔顿·凯恩斯是英国新城建设的一个成功范例。20世纪60年代，英国政府为了缓解首都伦敦的住房紧张问题，决定在东南部地区开辟新城。米尔顿·凯恩斯本来是一个名不见经传的小村庄，1967年开始设计和建设，城市选址被有意选在离伦敦、伯明翰、莱斯特、牛津和剑桥等城市等距的地方。如今，它不仅已经成为英国闻名遐迩的经济重镇，还是该国新城镇建设的成功典范。在英国有关最佳工作城市的权威调查中，米尔顿·凯恩斯往

* 本章由谢静、周传斌、何宇通撰写。

往名列前茅，排名甚至超过了伦敦、曼彻斯特以及伯明翰等大城市。其成功秘诀究竟何在？

一是重视城市设计。建造者设计了"网格广场"模式的特色道路和街区布局形式，以及配套的密集种植的植被、大面积分布的湖泊和公园。这种非等级式的（non-hierarchical）城市设计方案一改英国新城建设的传统，使城市具备容纳多种工业和多样的住房风格的能力，从而使城市本身较好地拥有了居住和提供就业的双重功能。

二是市场化运作。该城市建设一开始就按照市场规律来运作。首先由政府投资从农民手中将土地买下来，然后交给开发公司去建设。城镇初具规模后，地方发展部门将开发后的土地和房屋出售给公司或个人，收回国家投资。

三是环境优先。开发公司将米尔顿·凯恩斯城建成一个"森林城市"，城市外围是开阔的森林公园，13 个人工湖似一串珍珠环绕森林公园。绿地、公园和人工湖连成一片，有效地实现了蓄水排洪、保护城镇的功能。公园占地超过城市总用地的 1/6，即使在大型购物中心也有精致的室内花园，各种自然公园和人造湖泊为居民提供了重要的娱乐休闲场所。因此，米尔顿被称为"绿色之城"。根据规划，当地住宅高度不得高于树高，良好的环境也吸引了大量的外来移民。城市建设了一个覆盖城市主要区域的自行车和行人的专用道路系统，为居民选用自行车出行或者步行提供了条件。

四是良好的管理。管理机构注意处理好发展与环保、投资与收益、建设与维护的关系；各管理机构相辅相成，有开发与建设公司，就有政府环境监察机关对他们进行严格的监督，对城镇可持续发展起到了非常积极的作用。

（二）美国第一座"乡村小城"：哥伦比亚新城

哥伦比亚（Columbia）位于美国马里兰州霍华德县（Howard County）境内，属于巴尔的摩大城市圈，东北距巴尔的摩市约 35 km，西南离华盛顿特区 56 km。哥伦比亚从 20 世纪 60 年代末开始规划建设，主要是为了改善巴尔的摩地区人们的居住条件。现建成总面积为 83.4 km²，人口数约为 10 万人。哥伦比亚在城市规划中采用了"新城—小区—组团"三级结构的城市体系，构建了具有强烈"社区感"的居住环境，城市强调人口的多样化与和谐共处，并注重居民对城市建设的参与。哥伦比亚重视居民的生活品质，注意对城市优美自然环境的营造与保护，在城市绿化及可持续发展方面也做出了努力。

一是注重自然环境保护，对市区溪流和湿地进行恢复和维护；进行综合森林评估，建立森林保护基线；注重社区对哥伦比亚市区以外区域水质的影响的评估，增强民众水保护意识；对降水及雨水径流进行管理，增加径流防控，减轻其对本地和下游渠道的侵蚀；通过创建"绿色手指活动"，增强行人与大自然的密切关系；充分保障公共空间，保护中央公园的森林和自然环境，保证足够多的公共户外空间，用于娱乐、锻炼及公共活动等。

二是专门制定可持续发展计划与标准体系。哥伦比亚为了建设能源节约型和环境友好型城市，采用了包括绿色建筑标准等一系列标准。为实现城市的可持续发展，哥伦比亚还专门制定了可持续发展计划与标准体系，见图 6-1。

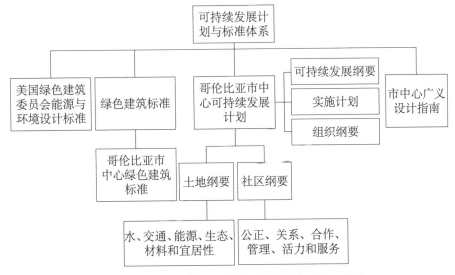

图 6-1　哥伦比亚市的可持续计划与标准体系

哥伦比亚市从多方面努力推动城市可持续化建设。一是推行绿色建筑标准，提倡使用绿色技术，提高建筑的能源效率和环境友好型。如在建筑中并入太阳能和风力发电技术，建设绿色屋顶，注意利用小区的树木创造小气候等。二是收集和利用天然降水。如在平顶屋顶应用绿色屋顶技术，铺设透水路面，在路边建设植被渗透洼地、建立植被缓冲区等。三是鼓励居民使用公共交通系统，倡导绿色出行。建立方便的公交系统，提倡人们减少小汽车的使用。社区建设有完整的步行道和自行车道，方便居民近距离绿色出行。

（三）产城融合成功实践：美国尔湾市

尔湾市隶属加利福尼亚州，是美国最大的规划城市社区之一。建市以来，尔湾市政府立足科学的城市规划，不断完善产业发展环境，优化人居生活环境，使城市竞争力不断提升，从而吸引了众多高科技公司的入驻，引进了大量优秀的高素质人才。从建市到目前虽然只有40年的发展，但是它已经成为美国投资、生活环境最佳的城市之一，2011年商业周刊杂志将其评为美国最佳城市排行榜第五位，并多次被评为美国宜居城市之首，成为众多人眼中的"最终目的地"。因此，尔湾市也成为政府推动产城融合发展的经典范例，其成功主要包括：

一是以新兴产业为主导，构建多元化的产业结构。建设之初，新区政府就大力发展高新技术产业，制定了一系列产业优惠政策、营造良性的竞争氛围、加强基础设施和公共服务设施配套建设，吸引了知名的研发中心和集团总部，形成多元化的产业集群，成为美国"第二硅谷"。尔湾现有公司1.7万家，其中公司总部在尔湾就有10多家，高科技为主导、多元化的产业结构，极大地提升了尔湾市经济的抗风险能力。

二是重视城市规划政策，实施功能分区。早在1964年的城市发展规划中便实施了社区功能分区，将社区划分为工业区、商业区、休闲区及绿地等功能布局。在1971年重新编制的规划中，根据城市产业发展目标和未来人口规模以及环境容量预测，采取生态开发理念，科学划分工业区、商务区、居住区、生态区，合理划分了城市功能布局，并以严格的法律确保分区的权威性和执行力。

三是营造良好的生态环境。尔湾市政府从建设开始就注重生态环境保护，统筹产业、经济、社会、生态环境发展，规划保障城市发展与环境、居住舒适度等各方面的平衡关系。在城市设计阶段就保留了自然水系、湿地和原始植被，建设过程中减少生产生活对自然环境的破坏，同时建造 100 多个公园以扩大绿色空间，开挖人工湖泊建设绿廊系统，构筑以人工和自然相结合的复合生态系统保障城区居住的生态服务需求。

（四）远郊型产业园区：日本筑波科学城

20 世纪 50 年代后期，东京经济和人口急剧增加，城市建设用地空间不断蔓延，给城市环境、城市效率以及城市管理带来一系列问题。为了维持正常的城市社会经济发展，开始建设独立新兴城市。日本筑波科学城作为产城融合的典型案例，由原先功能单一的产业园区逐渐发展为功能完善的综合性产业新城，有效缓解了中心城市拥堵、环境污染、住房困难、公共安全、绿地减少等问题。

筑波科学城是日本政府主导发展而成的著名的科学研究中心，规划总面积为 284.07 km^2，人口约 21.7 万人。科学城的规划目标是将产、住等城市功能有机结合，同时保护自然环境。从空间布局来看，主要由研究学园地区和周边开发地区两部分组成。其中，研究学园地区 27 km^2，位于科学城中心，包括国家研究与教育机构区、都市商务区、住宅区、公园等各功能区。周边开发地区处于研究学园地区的外围，占地面积257 km^2，拥有大片农业用地、山林和村落，同时也集聚了大量的民间研究机构和工业区。筑波产城融合的成功主要依托以下 4 个要素：

一是综合交通体系。首都城间快速道路建设促进筑波与东京周边重点城市之间融合发展，根据规划，首都城间快速道以 40 ～ 60 km 为半径环绕东京一圈，有效地保障了与东京在人才、金融、技术等要素方面的交流和转化。同时，这条快速干道将连接周边 6 个城市，连接多条其他高速公路，不仅能够促进城市之间的融合发展，还有助于缓解交通压力，改善环境质量。

二是合理的功能分区。形成的各类型功能区用地比例适宜，科教用地大约 15.6 km²，占科学城总面积的 58%，住宅、商业、公园等设施用地约 11.4 km²，占总面积的 42%。合理有效的行政功能区、商业娱乐设施区、公共设施区、生态环境保护区，营造了便捷舒适的生活环境。

三是良好的居住环境。1985 年，为了保障筑波科学城顺利举办世博会，日本政府投入大量资金用于会展设施、环境整治以及基础设施建设，这也在客观上加快了筑波科学城的开发建设。政府抓住机遇，加快完善生活、休闲、生态、现代服务等城市功能，筑波科技城从相对单调的科技园区转变为具有完成城市功能的科学新城。其中，社会、经济、产业、生态、资源、环境互相融合，取得了良好的发展效益。

四是依托优势资源。筑波大学在城市人口集聚和产业集聚过程中发挥了重要的作用。从筑波科技城产城融合的发展路径来看，在建设初期，主要依靠行政手段推动研发机构向筑波搬迁，但由于城市功能发育不足、产业人口导入困难，导致产业发展进程缓慢。随着日本政府加快城市功能开发，筑波科学城逐步调整自身的功能定位，并提出了"科学城、居住环境城、独立城"的发展理念，同时借助世博会，不断完善了城市生活、生产及生态功能，从而完成转型。

对筑波科技城发展路径进行总结，得出的主要经验包括：完善新城生活和商业设施，构建完整的城市功能体系和优美的生态环境；注重城市功能分区，维持居住区、工业区、科研区等分区与周边自然环境的协调，限制城镇化的无序发展。这都依赖于政府制定的切合地区发展需求的规划政策。

（五）智能环保典范：韩国仁川松岛新城

松岛位于韩国仁川西南，是以金融、商务、IT 业和生活服务业为主的高科技新城，是仁川市在一个面积为 1.5 万英亩（6 075 hm²）的人工岛屿上兴建的国际中央商务区，规划人口规模为 25.2 万人，20 世纪 90 年代末期开工，预计 2020 年竣工。

松岛新城是世界上第一个完全采用 "U" 概念的城市。所谓 U 城，即"数字无处不在的城市"，通过充分运用 IT 和通信技术，建设电子信息平台，打造较为完善的服务系统，用一张无形的大网把城市末端末节统统连为一体，社区、公司和政府机构等实现全方位信息共享。

松岛新城也是一座绿色城市，在清洁交通、节能减排等方面走在世界城市前列。

一是清洁交通。松岛新城的公共交通系统先进，包括连通首尔的地下火车和海水运河上的"水上电动出租车"，均使用清洁能源。通过建设完善的人行道和自行车道，提倡绿色出行，同时利用便捷的公共交通系统，将新城与仁川市中心连接，减少私车的使用。松岛新城规划中将 95% 的停车场设计为地下式，可避免汽车尾气直接排入空中，同时减小尾气热量对城市的影响。

二是节能减排。通过在新城项目中应用并创新在绿色建筑方面最先进的技术实现节能的目标。如在大楼外墙使用 3M 的太阳能幕墙技术，可自行收集电能用于建筑照明和取暖，还可将产生的电能回送到城市智能电网中。新城中的韩国最高楼东北亚贸易大厦，使用的先进电梯系统可以降低 50% 的能耗。松岛市的公共土地占到整个新城的 40%，包括了大面积的绿地和其他环保项目。城市每家屋顶上种植植物，可在一定程度上减免城市热岛效应。

三是资源回收利用。岛上设有中央垃圾收集系统，无论干湿垃圾，都可由这个气动的中央系统收集与利用。新城在设计中非常注重水资源的利用，城中所有建筑物的屋顶都设计有雨水收集系统，这些可有效减少淡水使用量。

（六）面临环境挑战的新都：阿斯塔纳

1994 年 7 月 6 日，哈萨克斯坦议会根据纳扎尔巴耶夫总统的提议通过了把首都从阿拉木图迁往阿斯塔纳（原名阿克莫拉）的决议，并于 1997 年 12 月 1 日对外正式宣布阿斯塔纳为哈萨克斯坦的新首都。1998 年 6 月 10 日举行了仪式，正式启用新都。迁都后阿斯塔纳一大批新建筑群拔地而起，交通、通信、能源等配套设施不断完善，新首都建设规模可容纳 200 万人。根据哈萨克斯坦阿斯塔纳市统计局数据，截至 2015 年 1 月 1 日，哈萨克斯坦首都阿斯塔纳市人口 85.3 万人，人口同比增长 3.85 万人。

按照首都总体规划，整个城市划分为 3 个行政区（Almaty 区、Yesil 区和 Saryarka 区）和 7 个规划分区，每个规划分区内都有各自的中心，可为市民提供舒适的居住环境及配套的工作、教育、休闲娱乐条件。未来城市将在东西横贯全城的耶斯勒河两岸同步发展，耶斯勒河及其 3 条支流是城市最重要的地理要素，被看作组织城市空间的基本骨架。城市中心区以河流为界分为两个部分——北面的历史城区和南面的行政新区，中心区范围的道路基本为规整网格布局，呈方形的城市内环线形成中心区的边界。通向中心区的 8 条高速公路连接城市外围比较密集的既有建成区域，这些区域现有功能包括居住、商业与休闲娱乐，规划对这些区域的路网进行了梳理和规整，今后将进一步增加居住和公共建筑。工业区位于城市北部，与居住区之间有铁路和绿化隔离带。沿河流布置城市绿色空间，包括城市林荫道、公园、线性绿地等，沿河绿色空间最宽处达 300 m。沿河绿带既为居民提供了公共空间，又吸引游客，并保护水体免受污染。

为了尽快形成首都应有的形象，阿斯塔纳出现了建设先于规划的局面，并由此引发一系列问题，如交通拥堵、对私人汽车过度依赖、不宜步行与骑行的街道，以及公共服务设施和公共空间明显分布不均衡（购物娱乐中心、商业中心、高档住宅集中于耶斯勒河南岸）等问题。这些问题又进一步引发城市中社会和空间两极化现象——南岸地区逐步成为富有阶层聚居区，而北岸地区则沦为低收入群体聚集区，阿斯塔纳国际金融中心的建设将使这一趋势更加明显。

基于上述问题，阿斯塔纳正在通过多种手段实现绿色城市建设：

一是通过城市交通网络的组织，整合多种方式解决城市交通问题。

包括自行车线路系统，基础设施一旦完成和投入使用，不仅可以有效地缓解交通拥堵、改善环境，还可以促进街道活动的发生，缩短每日通勤时间，并显著提高阿斯塔纳居民的生活质量。

二是建立适宜步行的街道、绿化与公共空间系统。2016 年夏，阿斯塔纳推出了"城市步行路网系统"，为市民提供了众多适宜步行的大街与林荫道，这个项目采取的主要手段是减少沿街停车位，打通住宅区域内一些中小尺度、被停车位占据的封闭街道等，提高道路网的通行性。为改善城市的微气候条件，规划在阿斯塔纳周围设置了一圈总面积达 3.5 万 hm^2 的绿环，其中 1.4 万 hm^2 已经建设完成。这圈绿环可以阻挡冬季冷空气和夏季干燥空气，使绿环内的城市减少气候的不利影响。绿环由多个楔形绿地组成，在整个城市范围，绿化从绿环延伸至城市中心区形成绿道，配合耶斯勒河及其支流沿线的线性公园绿地，组成了一个连续的绿化系统。阿斯塔纳未来的城市绿化总面积将达 364 km^2，占首都总面积的 51%。

二、国内新城区建设案例分析

1992 年的浦东新区成立至今，我国共批复了 19 个国家级新区：上海浦东、天津滨海、重庆两江、浙江舟山群岛、甘肃兰州、广东南沙、陕西西咸、贵州贵安、青岛西海岸、大连金普、四川天府、湖南湘江、南京江北、福建福州、云南滇中新区、哈尔滨新区、长春新区、江西赣江新区等（表 6-1）。国家级新区是指由国务院批准设立以相关行政区、特殊功能区为基础，承担国家重大发展和改革开放战略任务的综合功能区。国家级新区在国家战略中不仅是改革红利释放区、区域经济核心增长极，还是产城融合、生态宜居的综合性新城区和人居环境高地，对未来城市人居环境建设起到探索创新、示范和推广作用。

表 6-1　国家级新区概况一览

新区名称	命名时间	区域定位	规划面积/km²	2020年规划人口/万人	空间结构（规划）	环境相关政策
上海浦东新区	1992.10	国家对外开放主要窗口、长江流域经济龙头	1 210	600～650	一轴三带六区	浦东新区节能降耗专项
天津滨海新区	2005.10	北方开放门户	2 270	600	一城双港三区四片	天津市环境违法行为有奖举报暂行办法；天津市机动车排气污染防治管理办法
重庆两江新区	2010.05	内陆开放门户	1 200	600	三大板块十大功能区	重庆两江新区管理办法
浙江舟山群岛新区	2011.06	东部开放门户、长三角经济增长极	1 440	140	一体、两翼二圈、诸岛	舟山市网格化环境监管工作实施方案；舟山市废塑料加工利用行业长效管理办法；舟山市污染物总量控制激励制度实施方案等
甘肃兰州新区	2012.08	西北经济增长极、西部大开发战略平台	806	80	两带一轴两区四廊	—
广东南沙新区	2012.09	促进区域协调发展，构建开放经济格局	803	200	一城三区一轴四带；中、北、西、南四大城市组团	广州市南沙新区条例
陕西西咸新区	2014.01	丝绸之路经济带经济支点	882	236	一河两带四轴五组团	"西咸新区投资优惠政策"三十三条

新区名称	命名时间	区域定位	规划面积/km²	2020年规划人口/万人	空间结构（规划）	环境相关政策
贵州贵安新区	2014.01	内部开放型经济高地	1 795	120	一主三副两带多极	省人民政府办公厅关于支持贵安新区发展若干政策措施的意见（黔府办发〔2014〕35号）
青岛西海岸新区	2014.06	海洋经济升级版	2 096	240	一心五区	青岛西海岸新区管委青岛市黄岛区人民政府关于印发青岛西海岸新区产业发展十大政策实施细则（试行）的通知
大连金普新区	2014.07	东北亚开放合作的战略高地，引领东北振兴的增长极	2 299	—	双核七区	
四川天府新区	2014.10	内陆开放经济高地	1 578	500	一带两翼，一城六区	四川省人民政府关于印发支持四川天府新区建设发展若干政策的通知（川府发〔2014〕75号）
湖南湘江新区	2015.04	长江经济带内陆开放高地	490	150	一主三副、多点	《关于支持湖南湘江新区加快改革发展的若干意见》
南京江北新区	2015.07	长江经济带对外开放合作重要平台	788	225～245	一轴、两带、三心、四廊、五组团	—
福州新区	2015.09	两岸交流合作重要承载区、扩大对外开放重要门户	800	—	—	福建省人民政府关于支持福州新区加快发展的若干意见（闽政〔2015〕53号）

新区名称	命名时间	区域定位	规划面积/km²	2020年规划人口/万人	空间结构（规划）	环境相关政策
云南滇中新区	2015.09	面向南亚、东南亚辐射中心的重要支点	482	—	—	关于建设滇中产业聚集区（新区）的决定
哈尔滨新区	2015.12	中俄全面合作重要承载区、东北地区新的经济增长点	493	—	—	—
长春新区	2016.02	中国图们江国际贸易合作的重要战略平台、东北振起的第三个战略支点	499	—	两轴、三中心、四基地	—
江西赣江新区	2016.06	中部地区崛起和推动长江经济带发展的重要支点	—	—	两廊一带四组团	—
河北雄安新区	2017.04	促进京津冀协同发展，承接北京非首都功能疏解	启动区面积20～30 km²，起步区面积约100 km²，中期发展区面积约200 km²，远期控制面积2 000 km²	200～250	"一淀、三带、九片、多廊"的生态空间结构	—

其中，上海浦东新区和天津滨海新区占据极佳的地理位置，国家在土地资源利用、产业项目布局方面也给予了很多政策性扶持，它们的发展可谓"天时、地利、人和"，交通网络、生态环境、文化旅游等方面成绩显著。浦东新区发展至今已成为我国大陆经济产业最发达的地区之一。天津滨海新区是我国北方对外开放的门户，被誉为中国经济增长的第三极。重庆两江新区是新一轮西部大开发的"新引擎"，是内陆地区对外开放的重要门户。浙江舟山群岛新区是我国做深做强海洋经济的战略决策，是首个群岛型新区。贵州贵安新区是中国内陆开放型经济示范区、西南重要经济增长极和生态文明示范区。

2017 年 4 月 1 日，中共中央、国务院决定设立河北雄安新区，雄安新区的设立是以习近平同志为核心的党中央做出的一项重大的历史性战略选择，是继深圳经济特区和上海浦东新区之后又一具有全国意义的新区，是千年大计、国家大事。设立雄安新区，对于集中疏解北京非首都功能、探索人口经济密集地区优化开发新模式、调整优化京津冀城市布局和空间结构、培育创新驱动发展新引擎，具有重大现实意义和深远影响。

规划建设雄安新区要突出七个方面的重点任务：一是建设绿色智慧新城，建成国际一流、绿色、现代、智慧城市。二是打造优美生态环境，构建蓝绿交织、清新明亮、水城共融的生态城市。三是发展高端高新产业，积极吸纳和集聚创新要素资源，培育新动能。四是提供优质公共服务，建设优质公共设施，创建城市管理新样板。五是构建快捷高效交通网，打造绿色交通体系。六是推进体制机制改革，发挥市场在资源配置中的决定性作用，更好地发挥政府作用，激发市场活力。七是扩大全方位对外开放，打造扩大开放新高地和对外合作新平台。雄安新区规划建设以特定区域为起步区先行开发，起步区面积约 100 km²，中期发展区面积约 200 km²，远期控制区面积约 2 000 km²。雄安新区位于京津冀地区核心腹地，由河北省保定市所辖雄县、容城、安新三县组成。

从人口特征来看，多数新区占行政区的人口比例在 10%～20%，呈现规划人口规模大的特点。天津、上海及重庆 3 个直辖市新区的 2020 年规划人口规模最大，均在 600 万人左右；其次是天府新区，规划人口为 500 万～ 600 万人；其余新区规划人口多在 100 万～ 250 万人。

从国土面积来看，19 个国家级新区中面积最大的是天津滨海新区：2 270 km²，面积最小的是云南滇中新区：482 km²。可以看出，为了顺应土地节约利用政策，自 2015 年起批复的国家级新区规划用地规模明显缩小，走更加紧凑集约的发展道路。

从空间结构来看，国家级新区的空间规模与一般城市新区相比具有更多空间发展多元、复合功能多样特征，因此其产业与城市空间布局倾向于完整的城市区域。根据国家级新区相关规划，新区大多呈现"轴带 + 多中心 + 多组团"的空间结构。如四川天府新区规划形成"一带两翼、一城六区"的空间结构。陕西西咸新区规划的空间结构为"一河两带四轴五组团"。国家级新区在空间结构上的特征为以一个组团为核心发展区，一条至两条产业发展走廊拉起主要发展脉络，多条快速交通廊道串联周边组团形成整体，组团之间注重保留天然生态空间进行隔离。

（一）开放前沿：上海浦东新区

浦东新区在建设过程中面临着产业结构优化升级缓慢、生活功能相对滞后、生态环境和土地资源承载力的刚性约束加强等问题。面对诸多发展和转型问题，浦东新区区委、区政府在"十二五"规划纲要中明确将"坚持统筹协调，积极推进城乡一体、产城融合"作为加快转变经济发展方式的指导思想之一。

一是实施促进产业转型、优化空间布局、严格生态环境保护等重要大发展战略：通过生产力布局的管理创新，提升主导产业空间载体升级；从人口、资源、环境、经济、社会的综合视角出发，将浦东新区作为一个整体，协调产业发展与城区建设的关系，科学合理地谋划总体发展格局；实行生态优化战略，严格维护城市基本生态控制线，通过完善生态用地实施机制和政策保障，促进生态网络的生态保障功能和城市服务功能融合互补；积极推进与长三角地区的区域经济合作和协调发展；实施空间优化战略，加快推进中心城区的深度城镇化，提升南部地区的城市发展水平，推动中东部地区的城镇体系演化，全面推进新农村建设。

二是对发展目标进行细化，重视生态目标的实现。主要包括：保护生态绿地资源，完善自然生态系统，建设生态文明示范城区；节约、集约利用土地资源；完善提升循环经济发展水平，推进低碳试点，创建低碳社区、节约型园区和节约型城区。

三是对城区进行合理化分区，明确各区发展功能。根据实际发展需求和管理要求，将浦东新区划分为浦东主城区、南汇新城和中部城镇群，形成特色鲜明、功能完善、分工合理的城市综合片区，在此基础上，进一步明确开发区与周边城镇、生态控制区的协调发展关系，统筹片区内的生产、生活、生态用地，为城区内的空间资源有效利用、扩大环境容量以及提高土地利用效益创造了条件。

四是通过用地结构调整响应"产城融合"发展。对工业区块内的用地结构进行大幅调整和功能置换。30%的工业用地调整为产业研发用地，增加创新要素空间载体，同时对低效用地进行更新改造，加快"二产转2.5产"或"二产转三产"。浦东新区将产城融合作为促进城区转型发展的重要途径，实施过程中积累了不少宝贵经验：①产城融合发展目标的实现需要通过优化空间布局、协调发展要素来实现。这个过程需要对产业区、现代服务区、生态控制区在内的各区块的关系和空间布局进行重新组合，使各区块之间、要素之间趋于协调和融合。②要在资源约束条件下拓展新的发展空间，为提高土地利用效率及降低生态破坏和环境风险，必须围绕产城融合制定空间管制方案，通过产业区的更新和布局优化，实现城市空间资源的优化再生。

（二）资源型城市：克拉玛依

克拉玛依是我国典型的资源型城市，石油石化产业在城市经济发展过程中占据着绝对的主导支配地位。其中，白碱滩区是主要开采区。近年来，随着辖区内石油资源的减少以及克拉玛依石化园区的快速崛起，产业结构单一的白碱滩区社会经济发展后劲不足，突出表现在城市人口流失、基础设施落后、新兴产业尚未形成、持续发展的空间潜力严重不足等方面。区政府在对白碱滩区与石化工业园区发展阶段、空间布局、分工合作以及未来发展空间和潜力等因素进行综合分析的基础上，决定以工业园区为核心，依靠园区促进城区发展，走产城融合的发展道路。白碱滩区与石化工业园区的发展经历了以下两个阶段：

第一阶段：产城融合，一体化发展。即把开发区产业功能、城市功能、生态功能融为一体，构筑宜居宜业的产城融合发展格局。按照"产业园区化、园区城镇化、产城一体化"的思路，统筹谋划产业园区和城市新区建设，注重园区规划与城区建设规划的衔接，做到空间上产城共进、布局上功能区分、方法上协调统筹、时序上工业化和城镇化同步推进。科学筹划"一镇（三坪）一园"布局，积极探索"建设、管理、服务""三位一体"的城区创建模式，通过加快白碱滩区与石化工业园区产城融合发展进程，激发城区活力。设立专门的一体化发展秘书联络协调处，专门负责协调政策制定实施、产业选择发展、规划落实建设、公共服务保障和社会全面发展等涉及石化工业园区和白碱滩区双方的各项事务，有效打破行政区划阻隔，加速两地产业、资源、经济融合。

第二阶段：园政合一，建设新型园区服务型政府。改革园区和城区原有体制，将园区与相邻的白碱滩区体制合一，走"园政合一"的发展模式，打造克拉玛依市石化产业（高新技术产业）新区。将园区作为一级政府，赋予开发区政府较大的经济与社会管理权限，从根本上解决园区管理权限范围模糊与责权不明、职权缺失以及白碱滩区人口、产业等长期持续发展问题。

（三）沿海重化工区：曹妃甸

曹妃甸区是河北省唐山市所辖的一个市辖区，原为唐海县，地处唐山南部沿海、渤海湾中心地带，下辖3个镇、10个农场、2个养殖场。2005年10月成立曹妃甸工业区党工委、管委会，2008年10月经河北省委、省政府批准组建曹妃甸新区。2012年7月，国务院批准同意撤销唐海县，和丰南区滨海镇合并，设立曹妃甸区。曹妃甸区是唐山市打造国际航运中心、国际贸易中心、国际物流中心的核心组成部分，是河北省国家级沿海战略的核心。

曹妃甸的开发建设，取得了令人瞩目的成绩，但也面临诸多挑战：一是开发建设制约进一步发展。由于产业项目比较分散，又谋划实施了相对超前的、为产业配套的路、水、电等基础设施，加之造地面积大、造地成本高，加剧了资金、土地的紧张状况。二是港口一枝独秀但功能单一，对临港产业带动作用还处于起步阶段，功能拓展任重道远。三是港口、产业互为支撑面临挑战。受各方利益驱使，符合国家战略导向的、以能源原材料等大宗物资集输为主的泊位建设迅猛，造成港口功能单一，对后方产业带动作用不强。四是环境污染问题严重，特别是大气污染问题日益严重，发展环境容量受到制约。结合重化工业发展方向和曹妃甸所处京津冀、环渤海区域生态环保要求，曹妃甸要实现港口、产业、城市融合发展战略，主要做好以下三方面的工作：

一是发展绿色港口。根据后方腹地和港区、工业区发展的要求，以拓展和优化港口功能为重点，在不断提高集疏运能力的前提下，进一步优化功能结构，基本实现专业化运输，满足后方产业布局和城市建设的需要，积极发展煤炭、木材、钢材、矿石、燃气和可再生资源等六大宗商品交易，同时，重点围绕煤炭及铁矿石等散货粉尘、石油及化工品气体、港区污水、固体废物、溢油事故等污染源，制定落实污染防治和应急管理措施，为产业发展、城市建设搭建绿色平台。

二是发展循环产业。在加快钢铁、石化、装备制造等主导产业培育的基础上，不断延伸产业链条，把一个产业的副产品或废弃物作为另一产业的投入或原材料，借助港口优势和产业基础，着力打造循环产业链条，同时配套发展高新技术、海水淡化、商贸、旅游等关联产业。同时，谋划实施区域内资源综合利用，促进乡村、港口和城市产生的垃圾和废水、工业"三废"的统一调配和利用，提高资源利用效率，实现集约、节约发展。

三是建设生态港区。强化生态系统建设，建设生态良性循环、环境景观优美、适宜人居的生态环保型滨海新城。坚持环境友好和资源节约。把环境友好作为城市发展的重要目标，保护海水、湿地等自然资源，加强污水、垃圾处理工程建设，减少资源、能源消耗，走集约型发展道路，不断提高环境容量。

第二节 新区生态环保规划的思路与工作建议

一、新区生态环保规划总体思路

总体目标：以贯彻落实生态文明理念为本，坚持生态优先、绿色发展，以生态文明制度和体制机制为保障，以互联网、大数据建设等新技术为支撑，采用生态系统方法，从区域统筹角度，重点做好生态环境空间规划，优先划定生态红线，将水、大气、土的生态环境承载力作为基本硬约束，采用世界先进的资源、能源利用效率标准，建设污染物"超低排放"和"零排放"展示区和示范区，建设智慧型国际生态城市。

具体思路：

一是生态城市建设优先。从广义上讲，就是建立在人类对人与自然关系更深刻认识的基础上，按照生态学原则构建起来的社会、经济、自然协调发展的新型社会关系，是科学利用环境资源实现可持续发展的新的生产和生活方式。从狭义上说，是按照生态学原理进行城市设计，建立高效、和谐、健康、可持续发展的人类聚居环境，实现社会、经济、文化、自然协调发展，物质、能量、技术、信息高效利用，人与自然的潜力得到充分发挥，居民身心健康、生态良性循环的集约型人类聚居地。

二是生态城市建设要"以人为本"。让人民生活得更健康、更幸福、更美好，这是城市建设与发展之本。失去"本"的发展，便无法全面保障民生的品质。以人民为中心的发展观，需要在城市集中体现出来。城市规划需要抓住"本"，城市治理也需要抓住"本"。宜居是生态城市建设理念的当然之义。

三是将生态作为城市品质的重要内容。真正树立起生态城市的理念，才会用新方式、新指标推动城市的健康发展。在生态容量上的精打细算，倒逼城市优先发展绿色循环低碳经济模式，率先形成资源节约型和环境友好型的产业结构、增长方式与消费习惯。把评价一个城市生态品质的高低，从看其"木桶"的"长边"，扩展到看其"短板"，将"生态基础设施""生态人居环境""生态能力建设"列为观察城市生态文明建设的指标。

四是要超越功利思维，以长远眼光谋划未来城市的永续发展。我国当前已进入发展新阶段，要有足够的定力、耐心和信心，让城市走上绿色、生态、永续发展之路。要站在新的历史起点上，超越城市本身、超越地域范畴，从文明的历史高度重新审视城市，城市是现代文明的结晶，一个良好舒适的生态城市必能反过来哺育人类文明的持续进步。

五是要实施社会共治。生态城市建设不仅政府要坚定主导，而且要向社会共治、多方治理、民众自觉转变。唤醒民众的生态建设意识并使其成为一种新生活方式，是现代文明社会的标志。

二、新区生态环保工作建议

一是规划先行。建议继续深入研究和组织制定新区环保规划，推动新区总体规划切实融入生态文明建设要求，着力推动城市群的生态空间统筹，将生态环保全面融入规划和建设全过程。

二是立法保障。建议尽快推动新区生态环保立法，确保环保优先得到落实，在落实生态环境承载力调控、环境质量底线控制、环境管控要求的基础上，进一步提高新区生态环保标准和要求，确保国际化、绿色发展等要求切实落实到位。

三是制度创新。建议在新区开展党的十八大以来生态文明制度的示范，推动制度创新；进一步完善污染治理责任体系，推动落实"排污许可证"制度实施，对企业排污行为实施监管执法，开展企业环境信用评级，对违反生态环境要求、破坏城市生态环境质量的企业实施"黑名单"制度，以有效的监管创造公平的竞争环境；试点推动绿色供应链管理。

四是智慧环保。建议积极推动建立大数据服务平台，将环保措施纳入智慧城市的前端，加强资源、能源使用的精细化管理，提高使用效率，减少污染物排放；建立城市智慧监测网络，实行对环境质量的实时监测、应急预警；加强生态环保信息公开，通过信息平台为企业和公众提供服务等，推动建立环境的社会共治新模式。

五是国际合作。建议组织生态环保专家团队，深入开展新区生态环境基础调查，加强新区与周围区域生态环保的统筹与合作研究，加强国际交流与合作，学习借鉴国际先进的生态环保标准，探索建立国际先进的绿色发展模式。